日本茶道史话

——叙至千利休

熊仓功夫　著

陆留弟　译

上海大学出版社

·上　海·

图书在版编目(CIP)数据

日本茶道史话：叙至千利休/(日)熊仓功夫著；陆留弟译. —上海：上海大学出版社，2021.1(2021.9 重印)
ISBN 978-7-5671-3966-4

Ⅰ. ①日… Ⅱ. ①熊… ②陆… Ⅲ. ①茶道—文化史—日本 Ⅳ. ①TS971.21

中国版本图书馆 CIP 数据核字(2021)第 019470 号

策　　划　许家骏
责任编辑　王悦生
助理编辑　厉　凡　陆仕超
封面设计　柯国富
技术编辑　金　鑫　钱宇坤

日本茶道史话——叙至千利休

熊仓功夫　著　陆留弟　译
上海大学出版社出版发行
(上海市上大路 99 号　邮政编码 200444)
(http://www.shupress.cn　发行热线 021-66135112)
出版人　戴骏豪
*
南京展望文化发展有限公司排版
句容市排印厂印刷　各地新华书店经销
开本 890mm×1240mm　1/32　印张 6.5　字数 151 千
2021 年 3 月第 1 版　2021 年 9 月第 2 次印刷
ISBN 978-7-5671-3966-4/TS·15　定价　49.80 元

如发现本书有印装质量问题请与印刷厂质量科联系
联系电话：0511-87871135

写在再次出版之际

时隔21个春秋，我的译书《日本茶道史话——叙至千利休》再次出版了。该书在1999年由世界图书出版公司出版发行过。日本原著的书名是《茶の湯の歴史——千利休まで》，作者是日本茶道领域著名学者熊仓功夫先生。

熊仓功夫先生对日本茶道精研之深，学问之博，著作等身，令人叹为观止。我1993年赴日本研究日本茶道时有幸结识并受教于熊仓先生。后来，我翻译了熊仓先生的这本原著，并以中文书名《日本茶道史话——叙至千利休》出版。

我长期从事日语教学，同时作为茶道研究者，此次能够再次出版旧时的译作，将日本茶道的演变展现于具有二千多年茶文化历史的中国读者面前，为促进中日文化交流贡献绵薄之力，我深感幸运。

如果简单地将原著书名译成中文的话，可以译成“茶之汤的历史——到千利休”。但是，我没有直接使用汉语中的“茶汤”这个产生于千年前的词汇来翻译日语“茶の湯”这一单词，这是基于如下考虑：

中文的“茶汤”和日文的“茶の湯”现在的意思并不一样。早在陆羽的《茶经》中就出现了“（茶）汤”一说，指的是煎茶法的茶汤，系茶叶经过开水冲泡后形成的，如“沫饽，汤之华也”等。如今在中国，“茶汤”一词除了沿用原来的茶叶之汤含义，另外还是北京、山东等地的一种小吃名称。而在日本，自茶文化从中国传入后，从中世纪起就开始使用“茶の湯（茶之汤）”这一日语词汇，其实质只不过是在汉语的“茶汤”中间加了一个助词“の”而已，相当于汉语“之”或“的”的定语作用。但其意义却逐渐演变成除了原来的“茶汤”含义，通常也用来指代茶道这一艺术方式（原著书名即用此意），而“茶道”一词则是到了江户后期才取代了“茶の湯”。

因此，鉴于“茶汤”这一词在中日两国的不同历史演变，我将“茶の湯”译成了现在通用的“茶道”。同时，将原著所表述的历史节点“まで”一词译成了“叙至”，这样就更好地展现出该书的特色就是重在“叙说”。

中国茶文化渊远流长。茶滥觞于汉代，初兴于魏晋南北朝，唐宋时期茶文化迅速发展并臻于鼎盛。中国的煎汤点茶传到日本后得到了极大的发扬和普及，不仅发展出繁琐的规程，并且将日常生活行为与宗教、哲学、伦理和美学熔为一炉，成为了一门综合性的文化艺术活动，这也可谓是日本对外来文化的一种创新吧。

日本茶道作为一种特色鲜明的文化现象，日益受到人们的关注。为了深化中日文化交流，让茶道艺术深入人们的生活并提升感悟，上海大学出版社推出了“上大茶道”系列丛书，并把我的这本译书选入了丛书，使其得以付梓再与读者见面，在此深表谢意。

日本茶道可以说是一种“象征之文化”。但在我们常人眼里，茶道其实就是“忙里偷闲”和“苦中作乐”的一种精神追求。人活着总要有一点精神享乐，而茶道恰好就体现了现世里的一种不完整的和谐与美感，并能使人在刹那间感悟到其永久。通过体验点绿喷香的过程，人们可以深切体会茶庵与浊世的不同境界。

我想，随着越来越多人的体验、感悟和交流，包括日本茶道在内的茶文化定会世代传承，不断得到延续和升华，作为人们生活中必不可少的一种艺术形态而大放异彩。

最后，本书的再版得到了毕业于华东师范大学日语系、现供职于上海大学日语系的陈斌和周萍两位骨干教师的帮助，她们对译文做了部分修改和调整，对此我表示深深的感谢。

陆留弟

2020年8月12日于华东师范大学图书馆研究室

目　　录

第一章

饮 茶 史 话

一、茶的起源

人类究竟是怎样与茶结下了不解之缘的呢？一般认为，最先利用茶叶的是居住于中国西南部——云南省一带的人，因为那里是茶叶的原产之地。

1987 年 7 月，我随“茶乡电视采访组”访问了云南。我们所到之处是距离云南省省府昆明八百公里以外的地方。吉普车整整跑了两天，最后到达了傣族自治州——西双版纳。“西双版纳”原意为数之不尽的田地，果然这里连绵不断的山脉被层层梯田所覆盖着。我们下榻的地方——景洪，位于湄公河流域的市中心，当地的风土人情，仿佛把我们带入了缅甸及泰国之域。

茶树之王

我们找的茶树王位于景洪的西端，位于距缅甸国境线一百公

攀树摘茶

里左右的南糯山脉中央，这是一棵具有八百年树龄的茶树王。当我们的吉普驶向主干道不久，就开始急转左下，过了一座桥后即驶入凹凸不平的红土地，没一会儿，车就行驶在了通往南糯山的斜坡路上。常言道：若逢雨天，车则不可入内。说也凑巧，同行的面包车果真陷入了泥泞之路而不得动弹！我们也只能徒步行走。陷车之地已是海拔 1 200 米，据说茶树王就在离这儿步行 20 分钟左右的地方，环视四周，成片的茶树已映入眼帘。虽说是茶树，却不同于日本的茶田之树，均属乔木类，主干直径 15 厘米，高约 3～4 米。一看就知道，这些是人工培植的茶田。正看得入神，几个哈尼族的女孩携筐朝这边走来，她们带着害羞的眼神不时地注视着我们。刹时，她们敏捷地攀树而上，开始摘起茶叶来。我几乎看呆了。以前曾听说泰国北部有“攀树摘叶”之事；还记得在《茶之说》一书中有“猴摘茶叶”的铜版画。今天此情此景让我眼见为实。当我们走近茶树王时，只见四周布满了大的茶树。下坡之处，正前方一棵舒展着枝叶的茶树王却已矗立在我们的眼前，树虽不见得很高，但树枝伸展开来足有 10 米左右。树干已开裂，似参天之古木。据树前标牌的介绍：这里为 800 年前的茶园。就是说这里的茶树王，包括四周的大茶树，都不属于原始林，而是人工栽培的。在《中国农业百科全书：茶叶卷》(1988)的“野生大茶树”这一条目中就列举了包括这棵茶树王以及云贵川和福建等地的十棵茶树，其中说到最大的一棵茶树位于云南省的巴达区，树龄 1 500 年，树高 23.6 米，宽 8.3 米，直径 68.5 厘米。另外，还记载 20 世纪 70 年代时有一棵高达 32 米的茶树被风刮倒，真让人难以置信。如果这棵大茶树确实位于云南的话，那么云南为茶的原产地毋庸置疑了。

那么，云南西双版纳的人们究竟是怎样利用茶叶的呢？据我们了解，茶的原始利用法目前尚不得而知。当地老人将茶的生叶用火烘烤，等变焦后即刻冲入开水饮用，虽是简单之法，却耐人寻味。也许此法正是人类对茶的初饮之法。或许远古的人类还不知有“煎茶叶饮用之法”，总认为大口大口地生嚼是最简单的，所以，“吃茶叶”很可能就是人类使用茶叶的最初阶段。其实吃茶叶正是当今盛行的一种方法。泰国北部的清迈市场上就售有一种叫“密腌”(mien)的供人们吃的茶叶；在缅甸，人们吃的一种叫作“拉配索”(rapeso)的茶叶也是十分珍贵的嗜好品。但是，生叶终归是生叶，应该将其软化后再调味。于是，东南亚人想出了腌茶之法。具体做法就是把摘下的茶叶捆好后置于蒸器里蒸一个小时左右，然后把轻度发酵后的叶子送抵腌制工厂，把它们放入深度和直径足有 2 米左右的钢筋水泥洞中再次进行发酵。大约过 1～3 个月后，就可制成醋性的腌茶制品，这就是上面提及的“密腌”。密腌对于泰国北部的人们来说，只要在这上面稍添加些盐，就可被看作与香烟一样的休闲时的极佳嗜好品了。

也许有人认为吃茶实为怪事，然而在东亚，包括日本人早就有吃树叶或者将其作为食物的习惯。当然要找到易嚼又柔软，并拥有充足养分的叶子实属难事。所以，最好以那些阳光普照，树叶茂盛的常绿阔叶林的叶子为食物。枸杞叶可食用入药；很早以前的桑叶亦曾作食用；甚至有把绿茶末煮着吃来充饥的。由此可见，早在远古时候，人们就已经开始食用那些似乎具有特效的树叶。不仅仅是简单的生嚼，而且还以各种方法食用。据说在今天的不丹国，用来食用的生叶就有不下十几种，虽不知是何种树叶，但在常绿阔叶林的叶子当中，可以生食的树叶真不少。

不管怎么说，远古的人们曾食用过各种各样的树叶，其中包括茶叶。然而，为什么只有茶叶得以保留下来呢？这是因为茶叶中具有其他叶子所没有的成分，就是说茶叶里除了维他命以外，还有咖啡因和单宁。我想只有当人们在发现了这些特殊成分以后，才想出了茶叶的利用法，它表现在剔去不利于消化的筋根部分，而仅仅摄取其叶子成分，这就是当今的“煮叶饮汁”法。

随着喝茶的普及，尤其在新茶的利用及饮用之法不断更新的基础上，史料中的茶事记录开始出现了。公元前 59 年，有位名叫王褒的文人，在他所著《僮约》一文中记有茶事。即云南的山中之茶终于普及到了王褒当时居住的四川省资中（现在的成都）的附近。《僮约》一文属戏剧文学作品，亦可看作虚构或游兴之作。所以，此文也许不能完全真实地反映当时的生活情景。文章内容涉及令其新招募来的仆人来做这做那。比如，叫他们起早摸黑地清扫，饭后碟具的洗涤等等，劳动强度极大。其中有这么一段话（摘自青木正儿氏的《中华茶书》）：

“客至寒舍，提壶打酒，取水烹调，洗杯备膳。拔蒜自田地，切紫苏、切干肉，剁碎肉和芋艿并煮取汁。尔后，再与鱼片甲鱼并煮，烹荼……牵狗卖鹅，去武都买荼。”

值得注意的是文中出现了“烹茶”“买茶”之语。为方便起见，本文中以“茶”字标记，但文献中本来记载的却是“荼”字。2000年以前，王褒文中未曾出现过茶字，而是取用了意为苦叶的“荼”字。荼是一种很苦的野菜，奈良时代(710—794)的日本也常常食用。若是这样，《僮约》中所指的荼或许并非今日之茶。但是，根据研究中国历史的学者青木正儿氏介绍：王褒居住的地方成都与文中出现“买荼”的武都虽同属四川省，两地却相隔有七十多公里，这就很难让人想像如此长途跋涉仅仅是为买苦菜而已，所以青木认为此行是买茶之举。从《僮约》文中可知，这野菜生于云南地区，后来又逐渐成为当地山岳居民补给营养的茶叶，最终出现在平原地带，并且已成为四川文人墨客的嗜好品。

大约相隔500年左右，中国进入了南齐、北魏时期。当时有一个叫王肃的文官，因才华横溢且多闻博识当上了南齐王室的重臣。但到了太和十八年(494)，王肃背叛了南齐，而加盟北魏。众所周知，中国的南北风土人情各异，饮食习惯差异很大。这对于一个习惯于南方鱼米之乡口味的王肃来讲，很难适应北方的羊肉及酪浆等。因此，对他来说吃肉莫如食鱼，喝酪浆莫如饮茗汁(茶)。

在王肃移至北魏数年之后，慢慢地在他的餐桌上频繁出现了羊肉和酪浆。对此，当时的北魏国王高祖带着疑虑的口气问王肃：“中国食物中的羊肉、鱼羹、茗饮和酪浆，你认为什么最好?”王肃答曰：“羊为陆地之最，鱼为水族之长，虽然所好各异，但均为珍品。不过，惟有茗饮(茶)不可与酪作奴。”这则故事出自《洛阳伽蓝记》。对茶而言，虽属不体面的说法，但从茶的普及角度来说却是不容忽视的珍贵文献。后来，据传茶事亦称作“酪奴”。但不管怎样，当时中国的北方一直以乳酸饮料为主，而南方却已确立了饮茶的地位，而且，南茶北引的态势亦日趋形成。

现在北部地区包括北京已没有酪浆，取而代之的是茉莉花茶。这样，从王肃贬称的“酪奴时代”开始，经过了1500年以后，茶终于完全取代了酪浆。但羊肉却沿用至今日，这正好证实了食物与风土人情是密不可分的。于是，羊肉、鹿肉、兔肉与猪肉、牛肉一起纷纷出现在人们的餐桌上。

然而，茶要想闯入肉和乳制品之类的文化圈很难，这已在王肃的言语中看得很清楚。但是，今天蒙古族的人们却跨越了这个难关，从容地喝起了奶茶（牛奶茶），这奶茶恰恰是酪与茶的折中。这样，饮茶以长江（扬子江）一带为据点，渐渐向华南一带推而广之。作为文字大国的中国自然要赋予这种新的饮品以文字，约在六七世纪，“茶”字被正式起用。从此，作为中国文化的一个侧面，“茶”字被正式收录于文化的档案，于是饮茶习俗日趋普及。但是，当时的“茶”字还未能形成茶本身所赋予的内涵。因为，从当时记录茶事的内容里未曾见有释茶之款，而是泛泛记下的内容较多。大约在8世纪，《茶经》诞生了。这部著作不仅仅纠正了人们对茶的肤浅认识，而且把茶从单纯的嗜好饮品，一举升华到追求人类的精神文化，是一部划时代的作品，堪称茶事的百科全书。《茶经》汇集了从茶的起源、茶的制作法、饮用法、茶器具以及关于茶事的大量资料，是一部系统论述茶事的优秀著作。《茶经》问世后，虽后人纷纷仿效撰著，但无一本能与之媲美。冈仓天心的《茶之书》（THE BOOK OF TEA）是将《茶经》英译后作为自己的书名的，此举可推测天心欲撰著一本新的《茶经》，但是《茶之书》缺乏《茶经》的简洁之美，终究无法与《茶经》相媲美。

《茶经》作者陆羽卒于公元804年左右，享年78岁（布目潮沨《中国的茶书》东洋文库版)。陆羽生于733年左右,此时适值盛唐之际。陆羽为什么不详细地记述自己的出生年月呢?他是一个闭门造车的隐逸者,抑或其实如《新唐书》中所记载的那样,陆羽本身是一个弃婴,故出生不详呢?总之,陆羽的出生至今还是一个谜。陆羽名羽,字鸿渐。虽有才无貌,但倍受敬重。陆羽同唐代大书法家颜真卿结为深交,还在其手下参与编写过《韵海镜源》,该书已失传。陆羽不仅是一个学究,而且还是一个精通古今书籍的诗人。

陆羽的《茶经》究竟著于何时,至今已不得而知。陆羽约在30岁过半时所撰写的自传中曾谈到过《茶经》三卷,故推其为壮年之作。但这又让人难以信服,因为无论从书的内容或精神观之,很难让人相信此作是出于35岁的人之手,可能正如布目潮沨氏所指出的那样:30岁时仅写成初稿,经过以后的不断增删才成稿。不管怎样,若其自传本属实,可以推测该著作于760年前后写成。

书的第一章谈了茶的起源:“茶者,南方之嘉木也,一尺二尺甚至数十尺,巴山峡川有两人合抱者,伐而掇之”。

这是一段有名的序言。陆羽曾居住于湖北省和浙江省一带,即中国的中南部。茶的产地是云南,位于中国的西南方。而茶树生长于广州、福建,位于中国的南方,所以统称其南方之嘉木。顺便提及,日本“茶之汤”(茶道)方面的古典名著《南方录》一书的书名便出典于此。树高1~2尺是太低了点,但高达10多尺恐怕言过其实,倘若30尺的话,就有近10米之高,这就让人更难想像竟有如此巨大的茶树了。一般认为这纯属夸大其词之说,但是正如前文所述,确有高达20米左右的大茶树,那么《茶经》就未必是夸大之词了。

《茶经》一文又对茶形进行了说明:“其树如瓜芦,叶如栀子,花如白蔷薇，果如栟榈，茎如丁香，根如胡桃。”这段说明未必能让人想像出今天的茶树。接着《茶经》在记载了茶的不同称呼及茶的育种以后，又谈及茶的功效。

“茶之为用。味至寒。为饮最宜，精行俭德之人。若热渴凝闷。脑疼目涩。四肢烦，百节不舒，聊四五啜。与醍醐甘露抗衡也。采不时，造不精。杂以卉莽，饮之成疾。”

此段应注意的是，茶虽具药用功效，但这未必是茶的唯一特征，也就是说陆羽并不是把茶仅仅作为一种药来宣传的。虽然文中讲到当人感到胸口闷、头晕甚至无精打采时，喝上四五杯茶，就如同喝醍醐或甘露似的……然而，陆羽在文中强调的却是面向“俭德”之人的饮物。俭德之人因无病理而无需服药，所以这里的茶并非药物，而是无愧于“俭德”的一种精神性饮料。“俭德”可见于《易经》否之卦，其云：“君子以俭德避难”。此“德”意为不让欲望缠身，强调“慎身”，即以充实的精神来抑制住物质上的不满足感。这一段哲言告诉我们：《茶经》不仅仅是茶的百科全书，还是一部升华了的、关于精神文化论的优秀著作。

陆羽的《茶经》第二章谈到制茶的器具，第三章谈了制茶的方法：“凡采茶，在二月、三月、四月之间。茶之笋者，生烂石沃土。长四、五寸。若薇蕨始抽。凌露采焉。茶之芽者，发于蘗薄之上。有三枝、四枝、五枝者。选其中枝颖拔者采焉。其日有雨不采，晴有云不采，晴采之。蒸之、捣之、拍之、焙之、穿之、封之、茶之乾矣”。

此段叙述与现代制茶法有相通之处，但就茶的知识而言，却有不少异同。采茶为阴历的二至四月间，这比现代采茶的季节要早一些，但在中国的南部正是采茶的好时节。长势旺盛的茶树上新叶刚刚崭露头角，即可采取其中三四片叶子；晨采而雨天不采亦为同理。把采下来的叶子施以甑蒸之法与当今的绿茶作法类同，但这在中国本土已不见其踪迹。中国的绿茶是以釜煎之法取代蒸制，然后由其自行发酵的。此为中国古文化存于日本的一个例证，耐人寻味。

蒸好的茶叶放在一起，捣碎后再放入模子成型。这种成了型的茶称之谓"团茶"。日本人从未见过。《茶经》里所描绘的团茶形如较大的铜板，中间开孔而用绳子串起来。今天的团茶则形态各异，有形如瓦状的，有似大香菇斗笠状的，不一而足。目前主要见于中亚地区及中国的西藏地区，日本已见不到了。

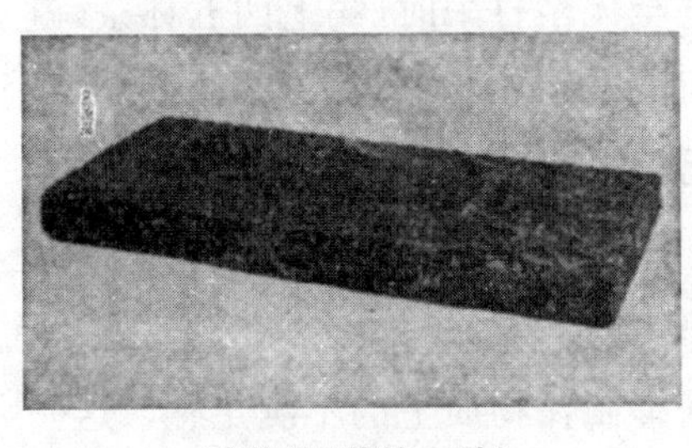

砖茶(团茶的一种)

关于沏茶及饮茶法，《茶经》里是这样描绘的：把团茶置于火上烘烤，使其表里渗透，烘烤至半即趁热存于纸袋内，以不让精气外散，待冷却后，将茶碾成粉末。碾，一般为内圆外方，内侧装有宛如车轮似的轴(形如研药器)。茶粉末经过网筛后放入盒内。关于煮茶方法，开水沸腾时，投入适量的茶，然后以盐调制后即可饮用，此谓"一沸茶"。当锅沿呈涌泉连珠状，并溅起因沸腾而出现的泡沫时，此谓"二沸茶"。这时，用竹杓舀一勺茶汤放在一旁，再用竹杓于锅中来回搅拌，并在当中放入适量的茶粉末，待水沸腾比较厉害时倒入刚才那勺茶汤止沸，然后将茶之华舀到茶碗中，供人品饮。"华"为浮于茶水表面的白沫，人们一般喻为宛如稀薄的鳞云，又如厚厚的积雪。

平成元年(1989)十一月，我访问了中国西安的法门寺。几年前那里曾发现了唐代的大量文物，我是怀着对茶器的极大兴趣而参加那次旅行的。法门寺始建于后汉。据说唐朝的历代皇帝都很重视法门寺，尤其在懿宗、僖宗年代，法门寺与宫廷的关系最为密切。后来随着时间的推移，法门寺逐渐衰落，但其13层高塔却巍然屹立，是一座历史悠久的名门寺院。岂料1981年的一场大雨，使13层的高塔崩裂。五年后制定了修复计划，并对高塔进行拆除作业，其间偶然发现了地下宫殿的入口。那是发生在1987年4月的事。地宫全长21.12米，由3室组成，在许多被发现的文物中有4具佛舍利，其中1件是真品。地宫的石门前有1块石碑，上面书有“监送真身使随真身供养道具及金银宝器衣物帐”的文字，均为贡品的目录，由此确定了所埋藏文物的品名，堪称作为历史史料的一次划时代的发现。碑上载有咸通年号，为咸通十五年(874)地宫封门之前的唐代文物。其中作为茶器被确认的有鎏金茶罗子，功用为筛具。高9.5厘米，长13.4厘米，宽8.4厘米，筛网已失落，底部呈屉状，为取茶之用。筛上刻有仙人和仙鹤的纹样，十分美观。另一具是银制的茶碾子，其用途是将烘烤好的团茶碾成粉末，形状类似今天的研药器，制作十分精巧，碾槽上附有盖子，不用时可将其盖上；为了避免打滑，轴刃上有沟槽，轴上刻有重13两的字样。茶碾高7.1厘米，长27.4厘米，中间槽的宽和深分别为3厘米和3.4厘米，重1.168千克。除此之外，还发现了装团茶用的银笼、

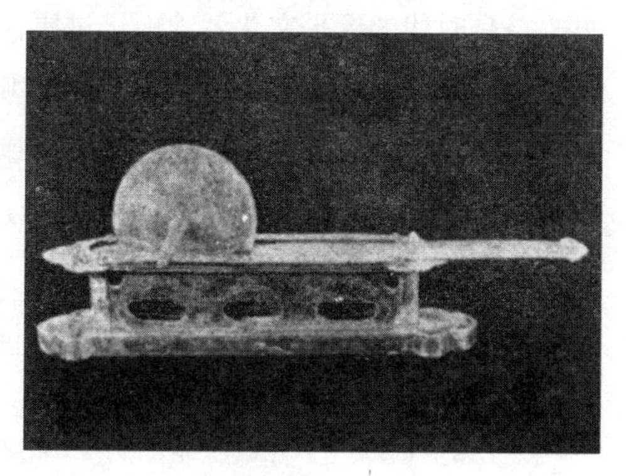

茶研《法门寺》

茶匙、焙炉火筋，装茶末用的龟形盒及秘色茶碗等等（详见《淡交》1891年6月号）。这些茶器有些名字得知于《茶经》，有些图见于《茶具图赞》，可今天这些实物竟然展现在我的眼前，令我感慨不已。

二、茶的引进

崇拜外国的意识，在今天的日本人中比比皆是。只要环视一下自身的周围，就会发现我们从身上的衣服到小物品中必具一两件舶来品。倒不是外来品均属奢侈品，而是想揭示日本人的一种崇尚洋货的强烈意识。当然，本人也无意对这种憧憬外国货的意识给予非难之词，只想说日本人崇拜外国文化的意识并非始于一旦。就拿学习茶道来说，或许我们马上会联想起“唐物庄严”[①]之语。对此后文还会讲到，而我在此想表明的是：日本侘茶[②]诞生之前，在宫廷及武家之间竞相追逐的唐代物品，这不正是中世纪日本人推崇舶来品意识的典型例证吗？

日本崇拜外来文化的历史是否源于中世纪呢？其实比这更早。奈良时代的天平文化就曾引进过唐代文化；飞鸟、白凤文化也受到中国六朝及朝鲜半岛外来文化的影响。再追溯得远一点，即最初引进水稻耕作的弥生文化不也是在接受了外来文化以后才得以生根的吗？只要翻开日本文化的史册，就可看到日本文化的发

① “唐物”指从国外（特别是中国）进口的陶瓷和丝织品等。从奈良到室町时代，日本人非常崇尚“唐物”，看得十分珍贵。“唐物庄严”指的是室町时代流行的“书院茶”的茶汤样式，喜用唐物道具装饰书院，追求奢华。

② “侘（WABI）”最早出现在万叶集里，表示“失意”等，后演变成自然、寂静和纯朴等意思。日本茶道发展至千利休，以“侘”作为基本精神，追求简素清寂，崇尚自然，故特以“侘茶（WABICHA）”称之。

展都是建立在接受外国优秀文化的基础之上的。由此，日本人信奉舶来品意识源远流长也就不言而喻了。所以，日本文化的特征，就在于她本身的一种文化“受容性”。毋庸置疑，沏茶文化的引进也是崇拜外来文化的一个例证。日本的奈良时代(8世纪)，为了稳固由上代引进的律令制，而做出了坚韧不拔的努力。当时，在中国历史上享有文化之最的唐代文化，正宛如高水低流般地不断涌向周边国家，如朝鲜半岛及连接着朝鲜半岛的其他列岛，而日本就在其中。那时，周边弱小国家的那股引进大唐文化的劲头真不亚于当今的现代化建设。从中可看到日本人在接受外来文化，并在落实中国式诸项制度方面发挥着“灵巧”的作用，最后使日本稳固了作为国家大纲的律令制度，从而导致今天的日本在行政制度方面还保留着不少反映唐代律令制的名称。

日本引进文化，并不限于制度及技术，还热衷于学习中国唐代各种不同的风俗习惯，“饮茶”就是其中一例。

为了引进盛唐文化，日本在8世纪时曾大量派送“遣唐使”，其间虽未曾见史料谈及有关茶的内容，或许在那个时候茶已被引进了日本。日本历史上第一次确切地记录茶事的时间是在9世纪初叶的嵯峨天皇年代，即日本弘仁六年(815)四月二十二日。记录里有这么一段话：

> “御驾近江国滋贺韩崎(现在的大津市唐崎)。中途御幸崇福寺。大僧都永忠、护命法师等率众僧恭候于门外，皇帝下舆，上堂拜佛。再度御幸梵释寺，停舆赋诗，皇太弟及群僧臣们崇奉附和，大僧都永忠亲自煎茶奉呈，施御被。”

这里讲的是嵯峨天皇出访到琵琶湖西岸的韩崎(现在的大津

市唐崎），归途中下榻于崇福寺和梵释寺，当时受到兼住二寺间的大僧都永忠的献茶。僧侣永忠曾留唐达30年之久，于延历二十四年(805)回国，故推测其留唐时间是在775年前后，此时正值陆羽《茶经》的执笔期。若永忠与陆羽相遇，必有不少雅趣之事。总之中国的沏茶风俗作为一种文化倍受青睐，由此，详细记述茶之精神及雅趣的书应运而生，所以，推测永忠当时已知茶俗，并携带茶叶回国亦在情理之中。就在永忠回国后的第10个年头，恰逢嵯峨天皇御驾唐崎，便取出10年前从中国带回的茶，因视其十分珍贵，故非亲自煎之不可。

曾受之献茶的嵯峨天皇，如同其谥号那样十分酷爱洛北的嵯峨，并在此建造别宫，直至终寝。关于嵯峨地名的由来众说纷纭，其中有一说认为其出自中国长安郊外巀山的“saga”一音。今天的西安北部仍然保留着嵯峨的地名。

若这则故事属实，那么可以想像，曾自选以“嵯峨”为谥号的天皇，对中国文化抱有无限憧憬之念，由此，历史上出现了永忠曾于梵释寺迎候这位憧憬于中国文化的天皇，并亲自为嵯峨天皇煎了自己从中国带回的茶的一幕，从中可以窥见日本茶文化“受容”的背景。

弘仁六年(815)六月嵯峨天皇令畿内[①]及近国[②]种植茶树，并责成每年进贡。而且，内地东北区已建有茶园，这在日趋陶醉于唐文化的宫廷贵族之间，虽说是一种奇特的现象，但沏茶却越来越流行。这有汉诗为佐证。当时的文人及宫廷贵族都十分擅长于中国的汉诗。鼎盛时期诞生的敕撰三大诗集尽人皆知，它们

① 今京都、大阪、奈良一带。
② 今滋贺县。

分别是《凌云集》《文华秀丽集》《经国集》。其中以茶为题材的诗歌有不少，这里援引锦部彦公的《题光上人山院一首》(载于《文华秀丽集》)：

梵宇深峰里　高僧住不还　经行金策振　安坐草衣闲
寒竹留残雪　春蔬旧山采　相谈酌绿茗　烟火暮云间

这首诗最引人注目的一点是体现了《茶经》中所反映的中国式茶风的精神。主人公光定上人或许就是最澄的高足光定(779—858)，他是嵯峨天皇时期荣耀一时的僧侣。作者锦部彦公的传记不详。诗的主要内容讲述的是锦部彦公踏访光定上人的庵室时，见上人于此进行高深之修行，平素过着节俭而风雅的日子，不禁让人想像，高僧们孤身于北睿山那般深山幽谷之中，追逐那孤独的信仰之情景，当时他们的日课就是日日勤行，并以素衣缠身坐禅。春来尚早，在犹见残雪裹竹寒时，他们却已日日守候于山间，祈愿青青芳草开满山野的春天早早到来。他们还时常迎接来自故里的客人，边聊天边品尝绿茶。只见焙茶之烟在夕阳下飘飘散散，宛如一幅山中茶会的风景画。

诗中茶是伴随着风雅与信仰，而且又是先于大肆宣扬其药用效果的镰仓之茶而出现的。吟毕不禁让人觉得正如陆羽所言，品茶纯属风雅之事。但是，当时日本的沏茶习俗还未形成，而日本文人在学习中国茶书以及诗文的过程中，逐渐地领悟到茶是能够体现人们崇高精神修养的一种文学表现。

诗中出现的"绿茗"一词不得不引起我们的注意。虽也可归为他们的创作，或许只是玩弄词藻而已。但是，绿色一词却有其新鲜感，正如我后篇讲到的，现代的抹茶与12世纪荣西所引进的茶相差无几。镰仓时代(1185—1333)的茶已有绿茗之称,而该诗文的时代背景为唐代,所以理应视作“团茶”。团茶为何呈绿色,真让人费解。

除此之外,还有不少诗讲到茶,现只引用惟氏的摘自《经国集》中的题为“和出云臣太守茶歌”中的一首诗:

山中茗,早春枝。萌芽采撷为茶时。
山傍老,爱为宝。独对金炉炙令燥……

诗文后篇继续谈及取清流之水,置炭煮茶后,其味更觉清新喷香,饮毕仿佛卧于白云间。

这里虽只是诗语几句,但也能让人觉得茶如同山中老者隐士的风流雅事,堪称仙游之术也。正是由于在一种脱离现实的沏茶习俗的背景之下,所以,才有以中国文字为范本来宣传饮茶氛围的诗句出现。但是,随着他们对中国文化的憧憬之念日趋稀薄,对茶的热情也开始冷淡下来。也正是由于沏茶风俗没有扎下根,所以一旦“隐没”,就连饮茶的形式也在顷刻之间变得烟消云散了。

平安时代(794—1192)中期以后,日本废除了遣唐使。日本的“国风文化”逐渐取代了“中国文化一边倒”的态势,致使茶史也接近中断的边缘。

从对中国唐文化的憧憬之念日趋稀薄的公元900年,到再由荣西禅师引茶进日本的公元1200年的300年之间,茶史真的被中断了吗?对此存有不少异议。关于茶事记载确有所减,但并没销声匿迹。如在季御读经[①]的宫廷礼仪中就有“引茶”的例证(也有

① 日本佛教用语。又作年御读经。日本宫中每逢春秋(二月、八月)二季,各择吉日四日,依例召请一百僧人,诵读大般若经,以祈求国家安泰、天皇健康。属日本佛教界每年的重大仪式之一。

称其为“行茶”的，“引”和“行”因草书相似，所以也许被混淆了），虽然记载断断续续，但在10世纪至12世纪期间，确实见有不下20回的例子。据《权记》说：10世纪末，为建茶所而献谷米；又据《本朝文粹》记载：庆滋保胤于三河国[①]看到过茶园等。若真变得无影无踪的话，那么又怎么会出现长和五年（1016）藤原道长为了发汗而饮茶的事例呢（见《小右记》）？元禄元年（970）天台座主[②]良源在总结“廿六条请愿”时曾讲到停止“煎茶”之类的又作何种解释呢？凡此种种记载，我是这样认为的，在10世纪时，可清楚地看到保存着不少由前代遗留下来的茶园以及沏茶习俗。然而，那只是用于作为一部分特殊的礼仪（季御读经），或者是作为特别寺院（睿山）中的惯例；又或许仅仅作为当时贵族的一种特殊药品而被流传下来的等等，但作为嗜好品的价值已不复存在。有关“茶垸（碗）”一词到处可见，也许不是指沏茶用的茶器。

问题是一度曾失宠了的沏茶习俗，为何到了12世纪末，当荣西引进茶种之后，又骤然盛行起来了呢？为何不利用当时日本已有的茶园的茶树，而偏偏是盛于荣西引进茶种之后呢？我们在回顾茶史时发现乳制品的历史与其有相似之处。乳制品的引进也是同大陆密切交往的产物。奈良时代，日本已饲养了乳牛，其“牛乳”（牛奶）文字已频频出现在木简之上。所谓乳制品，即指将其制成“苏”，史料上并没有记载，实际可制成醍醐或酪（见中村修也氏《关于日本古代摄取牛乳、乳制品》一文，《风俗》杂志26—4所收录）。已知9世纪时，以朝廷为主，开始了供给。但到10世纪，关于乳制品的记载如同茶事一样变得日趋减少，能见到的仅仅是作为礼仪

① 今爱知县。
② 日本天台宗的总本山比睿山延历寺的住持。

上的进贡(如苏、甜栗子等),或者作为药物来利用。乳制品的中断直至江户年代(或许是一个偶然,这则出典与茶一样出现在《小右记》中)。茶与乳制品在历史上的相通之处在于,两者都是作为憧憬唐文化的一个侧面而引进的与本国传统文化不同的一种独特饮品,所以显然形成不了日本人的一种嗜好意识,一旦憧憬之念消失,其摄取习惯也就自然消亡。用一种不能进行实质性论证的"嗜好"概念来作分析,就不算是一门学问。倘若调查一下目前仍在制作的团茶之味,便可得出与嗜好格格不入的结论。所谓团茶指的是紧压成形的"熟成"阶段的茶。从化学角度来看,对熟成的研究还尚无成果,但毕竟拥有一种不同于自行发酵的效用(称之为"后发酵",是由一种菌的作用而产生的),有一种独特的味道(一种霉味感),或许这种味道太不适合温湿的日本本土,这就导致了日本由荣西再次引茶入国,并且使其顺利地扎下了根。当时荣西引进的茶是不经过后发酵,而是一种带有绿叶清香,符合日本人口味的茶。关于这方面后篇会叙及,这里仅仅是对300年的断史作一说明而已。

如上所叙,沏茶之风在平安时代遭到冷遇后,又出现荣西禅师再度引茶入国的史实。也有人认为不是平安时代没有茶树,只是荣西又一次发现了茶的饮用法;更有甚者,认为当时茶的引进并非出自荣西之手,而是平安末期,在频频交往的日宋贸易中,由那些相继出入中国的人们带回的。然而,至今未能发现否定茶由荣西带入的可靠材料,因此其功劳仍非荣西莫属。

荣西于保延七年(1141)四月二十日生于备中国吉备津(今冈山县内)。四月二十日这天正值所谓的"四头茶礼"的举行之日。这四头茶礼的形式指的是茶汤[1]之人集合于建仁寺院,纪念荣西

---

[1] 这里的"茶汤"特指茶道。

的诞生之日，对此将在后篇详叙。荣西的“皈依之心”始于8岁，其14岁入睿山出家为僧，法号荣西。关于荣西名字的发音有两种，其实这只是汉音和吴音的区别而已，“荣”的汉音为“エイ”念作“サイ”的“西”则属吴音。应该是念作“エイ”的话，其“西”的音该念作“セイ”，而“西”念作“サイ”的话，“荣”也应念作吴音的“ヨウ”。这样，念作“ヨウサイ”是正确的，所以在此取其训读为宜。

荣西21岁时，就立下入宋求学的决心。当时他虽于睿山修行天台密教，但始终觉得不够充实。大约在他28岁那年，即仁安三年(1168)四月，从博多港(今福冈)起程，实现了自己的夙愿。船在海上漂泊了20多天后，终于到达明州，即现在的浙江宁波。荣西抵宁后不久，正巧遇上当时在中国留学的净土宗僧人重源，二人便一起登上天台山。据荣西的年谱记载：入宋后第一个月的五月二十五日，走到天台山的石梁时，荣西看到过向罗汉献茶的情景。

1980年的11月我从宁波去过天台山。今天的宁波港还是老样子，港口位于内陆一带，每天有渡轮(3 000吨)往返于沪宁间，所以码头一派热闹景象，天台山寺距离宁波市内100公里，坐落在山间。寺院正面有一块照壁，上记有“隋代古刹”字样，林间高耸入云的是一座无屋顶的巨大石塔，此塔叫作“隋塔”，由此再向上攀登千米左右，即有一种身临深山老林中的雅趣，这里就是荣西和重源一起寻访的石梁之地。所谓构成“能乐”的“石桥”之源头应

石梁

该不是清凉山①,而是天台山的石梁。

石梁是一座自然形成的石桥,恰巧位于瀑布之上,被视为罗汉之圣地,是一座宽度仅为50厘米,长约10米左右的细长石桥,桥对面为圣地。传说若能边看着十米底下的呈壶形的瀑布而平安地走过桥去,即可受到罗汉的款待。另据传说,前来参拜石梁的人们都要在这里向罗汉献茶。成寻阿阇梨就在这石梁上向罗汉献了516杯茶,此美谈发生在荣西踏访该地的95年以前。据传罗汉受用了成寻的献茶后,茶碗表面呈现出了花纹,或许荣西在当时也模仿成寻向罗汉献了茶,但记载里并没有发现如同成寻那样的吉祥之景。这次当我登临拜访时,却发现文革风波竟然也吹击到这等深山之处,人们正在修复文革中被破坏的罗汉寺里的佛像。

荣西的滞留虽不到半年,但他向罗汉献了茶,由此可见他对茶情有独钟。尽管如此,勤于修炼的荣西到底还是没能做到携茶树回国。因此,荣西的第一次入宋与茶的引进几乎可以说是无缘。

荣西第二次到中国,是在他47岁时,即文治三年(1187)。当时,荣西曾有过奔赴天竺之念,终因往返无保障等缘由,未能成行。所以后来他决定重登天台山。第二次的逗留时间长达4年。期间有不少迹象表明,荣西想把茶树带回日本。如在回国的前一年,他曾把天台山的菩提树托给日本的船只,并叮嘱将其送抵筑紫的香椎宫。这里需要注意的是,荣西托捎的不仅仅是茶树,而且还有对日本来说十分珍贵的有用植物,如上面讲到的菩提树,不过不是树种,而是植株。可能茶的引进也是如此。虽然一直以来都认为,茶是通过茶种而被引进日本的,但我觉得当时引进的应该是茶树。

① 日本能剧之《石桥》描写了一位来自日本的云游僧,其面对着大唐有名的清凉山,要去山中寺庙参拜,但石桥横亘在他面前。

还有一种说法是，荣西回国的季节不是茶种的发芽季节，那么如果说引进的是茶树就没问题了吧。荣西再一次将茶引进日本的时间是1191年，即日本建久二年。

引进的茶树开始种植于筑前国[①]的背振山。十几年以后，荣西将茶献与栂尾的明惠上人，从此在京都也开始了种植。后来，或许由于荣西被邀住于镰仓（府），所以茶开始普及到了东国（日本的关东以北地区）。承元五年（1211）荣西在镰仓见到了实朝将军。其名著《吃茶养生记》的初稿就在那时撰写而成。

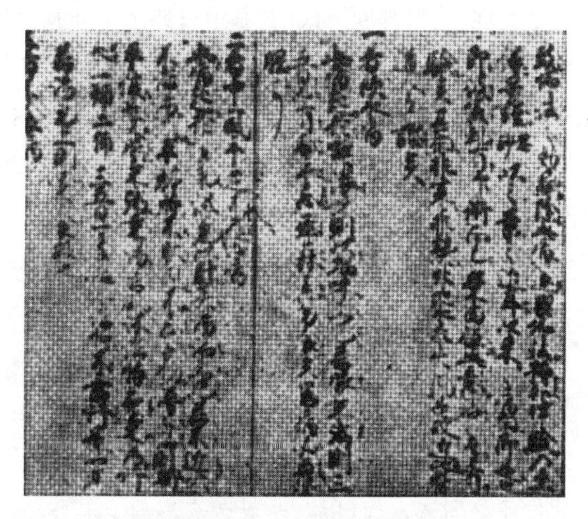

《吃茶养生记》中的一部分（寿福寺本）

在《吾妻镜》中记载着荣西与实朝将军的一段佳话。故事发生在建保二年（1214）二月四日，实朝将军由于在前夜的宴会上饮酒过度，故令荣西前来加持祈祷。因为当时最佳的疗法莫过于高僧的祈祷之术。但属于中国正统派的合理主义者荣西闻得将军患的

---

① 今福冈县。

是宿醉病后，即以良药之茶取代了祈祷之术，结果效果极佳。显然这是茶中的咖啡因在起作用。于是，荣西就敬献给实朝将军题为《赞誉茶德之书》的一卷书，此卷正是留传至今的《吃茶养生记》的第二稿（修改本）。该书的最大特点就是在于赞誉一种药物之茶，荣西在其序言中这样写道：茶为末世养生之仙药，且具延年益寿之妙术，植茶之山谷为神秘妙灵之地，故摄取茶者乃长命百岁也。茶被印度及中国所推崇，又曾受到人民喜爱。正因为从古至今，茶如此地受到日本及外国的仰慕，更何况茶又为末世养生之仙药，所以更须领悟其中之奥理（摘自森鹿三氏的《茶道古典全集》的现代译文）。

如上所言，荣西引茶入日本的初衷，是将其作为药物来力求普及的。此外，他还曾论及茶怎样利于保健，且其具有“发挥博览强记的知识”之功效。书中还大量地引用了中国方面的文献，蓝本是《太平御览》。这在森鹿三氏的研究中已十分明确了。这在当时的人们眼里实属令人刮目相看的新知识。

借此再引用《吃茶养生记》中引人注目的若干部分，如茶的制作方法：

> “宋代的焙茶之法是晨采茶叶以后，即刻蒸之并焙之。鉴于这种作业如同流水线，所以非勤劳者莫属。其作法是把纸铺在焙柜上，然后以弱火烘烤至不焦之程度。这种焙制法功夫非凡，缓急须自如，而且必须彻夜不眠地把摘下来的茶叶全部焙制好后装入瓶内，并以竹叶封严，这样就可以做到陈茶不腐。”

此则记事中须注意的是，荣西目睹的宋代之茶为蒸制的绿茶。《吃茶养生记》中所记载的制茶法同现代的绿茶制法别无差异。当时中国的正统之茶是一种精致的“龙凤团”团茶。中国南方已有发酵之茶(乌龙茶)。但是,为什么传至日本的恰恰又是绿茶呢?我的推论是当时荣西所见所闻的范围极小,即其所涉足之处并未超出中国国内久负盛名的绿茶产地——浙江省的范围,所以,就引进了这种既合荣西之味,又迎合日本人口味的绿茶。

《吃茶养生记》下卷中又记述了饮茶之法:

> "茶以滚烫的白开水冲泡为宜,其饮量如同一文钱大的汤杓二至三杯,不拘其量亦可。然开水量以少为宜,当然亦可随意。茶尤以浓茶味为佳,食后若不忘饮茶,必有助消化之功效。"

一文钱大小的汤杓,不知其大小如何,但饮二三杯,必然大于当今茶杓的一杓半之多,而且又以浓茶为上。本节应注意的是,荣西极力推崇"食后之饮"。饮茶理应不受时间限制,荣西偏偏要推崇其作为食后饮物,这同茶的普及不无关系。关于茶事,其"后座之茶"[①]应在初座[②]的怀石[③]之后再献上,这与当今的饮茶法大同小异,所以,从中使我们清楚地看到,茶正式进入家庭的"开门七件事"当中。

三、朝鲜的茶

沏茶习俗的传播如果仅仅从中国和日本两国的立场来进行分析,未免有些不完全之感。为此,对于茶文化的发展有必要基于"远东三地区"的立场来进行综合性的分析。尽管这样,却往往不会引

---

① 茶事的后半段,即以酒肴款待客人。

② 客人到来后,主人先迎至一个小房间内喝点热水,整理服装。等客人全部到齐后,主人请客人们到茶庭观赏风景,然后入茶室就座,称之为"初座"。

③ 品茶之前献给客人的日本式菜肴。

起人们的重视。所以，有必要让我们先来回顾一下朝鲜半岛的情况。首先我认为朝鲜半岛的茶史要比日本长。《三国史记》中的《新罗本纪》第十卷，即兴德王三年(828)十二月条文中记载着："入唐回使大廉引进茶种，并植于地理(异)山，故茶事源自远古善德王时代，并盛于此间"。善德王在位时间自 632 年至 646 年间，日本此时正值大化革新。可见在日本的飞鸟时代[①]，茶已由中国传入朝鲜，当然这只不过是一种"流传"而已。奈良时代[②]的日本，传说在圣武天皇或行基的生平记录中出现过茶事，然而传说终究是传说，不足以为信。朝鲜半岛在大唐文化的影响下，或许从七八世纪间，就把茶引进了本国，若基本承认这个事实，那么朝鲜引茶入国要比日本早一步。

令人饶有兴趣的是，在《三国史记》的正史里，即公历 828 年的条文中已叙及茶事，并从此开始盛行。相比之下，日本正史里初见茶事为 815 年，几乎同一时期。这样看来日本和朝鲜的习茶之俗是同步的。不久日本饮茶风尚渐失，而茶在朝鲜半岛却得以顺利地普及。第二次掀起饮茶热潮的时期又是大致相同。

平安时代末期，入宋之僧荣西从中国引进了茶种，但如何引进和培植却不得而知。对所引之茶的制作及饮用之法如前所叙，在他的一本《吃茶养生记》中均有描述，故其功绩非同小可。值得注意的是，高丽同中国宋朝的吃茶之法的交流史却要比荣西引茶入日本的年代大约早半个世纪。这在《高丽图经》书中已有记载。仁宗元年(1123)，宋使一行访问了高丽，当时的记录均有图与经，遗憾的是现仅存文字而无图表了，其中"茶俎"中有此一款，大意是高丽当地的茶苦涩难饮，唯独来自中国的腊茶和龙凤茶珍贵，这些最

---

① 约始于公元 593 年，止于迁都平城京的 710 年。因其政治中心为奈良县的飞鸟地方(即当时的藤原京)而得名。

② 始于迁都于平城京(今奈良)的 710 年，止于迁都于平安京的 794 年。

高级别的茶,除了中国的馈赠以外,还有通过商人运进的,倍受当地青睐。再来观其茶器,有嵌金花的天目茶碗[①],有呈翡翠色的青磁茶壶,有银制的风炉、水釜等均仿效中国制作而成。其宫廷宴会上的煮茶方法是茶碗以银叶盖之,献茶呈缓步之状,故待茶斟至众人,开始起饮时茶已凉尽。朝鲜未曾有服饮热茶之习。馆中置放着红色台子,茶器置于其上,再以红色布巾覆盖之。日供三服茶,还要喝汤。高丽人视汤为药。或许释义有不妥之处,大致为上述内容。参考《高丽图经》的原文,引用如下:

> "土产茶。味苦涩不可入口。惟贵中国腊茶并龙凤赐团。自锡赉之外。商贾亦通贩。故尔来颇喜饮茶。益治茶具。金花乌盏、翡色小瓯、银炉汤鼎。皆窃效中国制度。凡宴则烹於庭中。覆以银荷。徐步而进。候赞者云。茶偏乃得饮。未尝不饮冷茶矣。馆中以红俎布列茶具於其中。而以红纱巾盖之。日尝三供茶。而继之以汤。丽人谓汤为药。"(《宣和奉使高丽图经》卷三十二器皿三)

身为最高文化使节的宋使一行,认为高丽之茶纯属"乡土之茶"。这也难怪,因为在宋代称之为腊茶及龙凤茶的高级团茶已泛用于宫廷,茶的质地极为精密,茶的表面宛如金属状,光滑且坚硬,镶嵌的纹样中设有龙与凤凰,上涂有金银之彩色。相比之下,高丽的礼茶就大为逊色。虽然如此,但是朝鲜的宫廷之茶,无论是茶器具,还是茶礼,其雏形已现,虽说是仿效中国制度,但已具备了乌盏和青磁等器物,而且风炉、水釜等也开始像样起来了。由此看来,

---

① 从浙江天目山的佛寺传入日本的唐物茶碗。

当时朝鲜的宫廷之茶已并非自由饮用之物了。从缓步献茶开始到作为宫廷礼仪的行步规则都作了规制。"徐步"系相对于"趋步"而言,即"缓缓步入法"。今称其为"滑足",即上体保持不动之态行走。此外,对于茶客来讲,要待全体受茶之后方能饮用,为此,饮茶之法也自然变得严谨起来。

煎茶不是在别室进行,而是作为在众人面前施行的一种仪式。观其茶器均系以红俎[①]、红纱巾来布置的,其煎茶方法宛如当今的"点茶"。这里再赘述一下,高丽人视茶汤为药物。这对于当时亲眼目睹到高丽之茶的宋代使节来说,他们虽然具有徽宗《大观茶论》的良识,然阅宋代茶书思之,却无一处讲到以茶为药的思想。因为中国早年之茶并非是药,而是作为一种嗜好品,但偏偏历史上的巧遇出现了,受中国影响的朝鲜之茶被当作药,日本也将其视为"养生之仙药"。

日本和朝鲜茶的引进过程几乎是同步的,都同样是从中国传入的;无论传入的时期还是方法,基本都是相同的。对于茶的功效,在看法上又是那么贴近。这种微妙的关系出现在日本的平安时代,引人深思。这在后篇中谈及有关佗茶的成立时期时,还将对其进行比较。就茶事而论,两者分道扬镳发生在大约300年以后。这里我们跟后续章节颠倒一下时间,先看看朝鲜半岛后来的茶事。在《高丽图经》里所使用的茶为抹茶,这有石头茶臼为佐证。明宗二十年(1190),荣登大学士的李相国在其《谢人赠茶磨》诗篇中描绘道:

"琢石作弧轮,回旋烦一臂,子岂不茗饮,投向草堂里,知我偏嗜眠,所以见寄耳,研出绿香尘,益感吾子意"。(《东国李相国集》十四卷)

① 置放茶具的红色小桌。

诗中的“研出绿香麈”与以后蒸制的抹茶是一致的。大约在十二三世纪，日本和朝鲜之茶几乎同时受到宋朝的强烈影响，致使具有宋代风格的茶事都盛行于日朝的上层。

日本与朝鲜在饮茶习俗方面的相通之处，还表现在对禅宗的作用上。然而茶所起的作用也是非同小可，这不仅有荣西引进的临济宗作为佐证，而且在道元的曹洞宗《永平清规》里也有所体现。具体表现在茶与禅的融通，这犹如谈到茶汤的成立，就必须提到茶禅一味的思想。朝鲜之茶在倡导“茶禅一味”方面要比日本早，如于前叙及的李相国诗句中有：“……草庵他日叩禅居，数卷玄书讨深旨，虽老犹堪手汲泉、一瓯即是参禅始……”，不愧为出自自诩为参禅老居士的李相国之手。由此可见，在12、13世纪之交时，朝鲜茶中的茶禅即一味的思想已先于日本出现了。

对于朝鲜茶的研究，以往只是讲到高丽之茶便作罢，这未免让人感到困惑。到了朝鲜李朝时期，由于儒教的伦理主义致使濒临颓废之极的禅宗又一次受到了打击，使得茶汤自然地销声匿迹了。后来一直认为李朝是没有茶的，从此以后朝鲜就不饮茶了。果真如此吗？其实不然，到了近代，由于朝鲜引进了日本绿茶的饮用习俗，使本国的茶业得以兴起。所以不能一概而论地判定在这以前朝鲜几乎与茶无缘。根据长期考察韩国之茶的松下智氏的报告说：“山茶（野生茶）的分布相当广泛，而且在日韩合并[①]以前曾采集到过，并且使用过‘钱团茶’（如同硬币铜钱中央有孔的形状那样）”。另据1938年的调查表明：当时朝鲜的产茶地有24处，其中的9处是在近代由日本各地所引进的茶树。还有13处所谓“起

① 1910年8月，在日本的胁迫下，大韩帝国和日本签署了《日韩合并条约》，朝鲜被日本吞并，彻底沦为殖民地。

源不明"的茶园,它们均存于私人的住宅区内。总之,朝鲜再次从日本引进茶之前,在其南部地区的不少地方已发现有天然的山茶。到了16世纪,在《东国舆地胜览》里可见,朝鲜的本土之茶已产于全罗道十一郡以及庆尚道八郡,几乎包揽了南部半岛的绝大部分地区。

纵观上述,整个李朝时期,茶不仅没有完全消失,反而在民间得到相当的普及。这已在李朝正史《李朝实录》中得以确认,即实录中已可见到许多有关茶事的记录。

高丽末期和李朝时期的茶究竟是什么形态?正如前面讲到的,12世纪的茶,大概是来自宋代的抹茶。然而,果真全部是抹茶吗?我以为不能一概而论。"煎茶"这个词在12世纪时与抹茶几乎同时出现了。李相国诗文集《东国李相国集》第二十五卷的"王轮寺丈六金像灵验收拾记"中出现了"煎茶供养"的字款。另在卷三"得瓶试饮茶诗"中有"塼炉手自煎"的字句。顾名思义,此为煎其茶叶而饮之意。但是,"烹""煎"这两个字是否同茶叶具有直接的关联,在此不敢贸然定论。

到了14世纪,煎茶的形态日趋鲜明,这在高丽末期李穑的《牧隐集》诗中可以见得,其中就有《煎茶即事》和《茶后小咏》两首诗。后一首中有一联云"小瓶汲泉破铛烹,露芽耳根顿清净",读诗思义,即置茶叶于锅中煮之。在稍稍晚于李穑的郑梦周的《圃隐集》中亦见有题为《石鼎煎茶》的诗篇。到了李朝,这种倾向则发展得更为明显。《李朝实录》中初现之茶,或许讲的是太宗二年(1402)五月壬寅条目中记有献茶与明朝使节的内容。但须注意的是,当时所献之茶称为"雀舌茶"(Jakuzezicha)。所谓雀舌茶得名于一针二叶的茶叶形状,显然这是叶茶。另据鲇贝房之进氏的《茶话》("杂考"五辑所收录)介绍,许浚的《东医宝鉴》(成于17世纪)里把"苦茶"念作"Jakusorucha",此发音与雀舌茶的拼音相近,对此,柳喜氏的《物名考》里把茶树念作"Jakusorunimo"。因此，李朝中期以后，雀舌茶变成了茶的代名词。由于当时的抹茶未被念作雀舌，所以可以推测李朝以后，被称作雀舌茶的茶叶，逐渐取代抹茶而呈上升趋势。

从抹茶向煎茶过渡的倾向，可以说也反映了中国的宋代至明代的一个沏茶的变化过程。李朝之茶也随着明代使节的到访而频繁登场。在世宗元年(1419)正月的条目中，除了记有明代使节向李朝索取煎茶用器物外，却没有发现如何使用煎茶的确切史料，但在频繁的宫廷茶礼中，或许还是以煎茶方式待之。

韩国·晋州多率寺茶室的匾额

上述有关《李朝实录》的茶礼记事可见于整个时代，较为集中的是在十五六世纪。从太宗年代起，迎接明朝使节时的茶礼开始频繁起来，而且不单单是茶礼，一种作为馈赠的茶也出现了(世宗元年二月，同九年十一月)。这种传统方式一直延续到后代，仁祖十年(1631)五月赠茶与胡国使节；肃宗七年(1681)四月专为清朝使节设置茶宴。其沏茶的风俗作为宫廷礼仪而被继承下来，从中可见同中国的关系。遗憾的是有关茶礼的具体形式的史料已不详见了。从给各个衙门施茶时的记事中可以看到的茶礼并非属于特殊的礼仪。在世宗三年(1421)一月条目中见有禁酒饮茶的请愿之说，所以在以后的宫廷礼仪中开始频频出现的茶，有一种被积极利用的倾向。至于茶礼的规制是否伴随其设备的变更或者演艺化的趋势而变化，具体情况不得而知，仅有如下一些实例可以考证：见有“茶房”字样（太宗十七年五月）；在燕山君十一年（1505）十二月条目中见有为建造“茶亭”而供油的记事，这也许是为沏茶而准备的吧；从世宗十五年（1433）十二月的禁止茶礼之膳，可以逆向推测茶礼曾伴有食膳；茶礼中见有鸣钟人座之式（中宗三十四年四月），或见有持杯游饮之式（宣祖二十九年六月），还见有酒礼融于茶礼之式（光海元年五月）等等。综观上述实例中关于茶礼的各种形态可见，朝鲜茶礼中已有与日本茶礼相互融通的地方。

从 15 世纪到 16 世纪掀起的沏茶之风在朝鲜也开始盛行起来，看起来与日本的茶道发展几乎处于同一条起跑线。若是这样，那么为什么一方是煎茶，而另一方却以抹茶为主流呢？在两国的交流史上，茶直接出现在历史舞台上的时间是在 16 世纪。即日本兴起了“侘”茶，而李朝的茶工艺品也越来越被珍视起来，这以前的日朝间的有关“茶贸之交”没有出现过。但在《李朝实录》中却见有日本人接受过李朝宫廷茶礼的记录。这在今天是一个稀有的实例。在中宗四年（1509）二月条目中写道：“翻译来到东平馆。见一倭人。坐相正如行茶礼也。”该倭人并非正式使者，而是被捕之人。由此推其为特殊之茶礼。仅此一例，不足为类推之据。而纵观高丽，李朝时代的倭寇动向以及日朝之间的交流情况，作为礼仪层面的茶也好，或者作为民间风俗的茶也好，基本上能比较容易地观察到当时的情况了。

朝鲜方面也有了关于日本茶事的记录。老松堂宋稀璟出访日本发生在应永二十七年（世宗二年，1420）。在《老松堂日本行录》里列举了日本各地所举行的供茶记录。如在博多[①]设茶酒宴，讲

① 今福冈市。

的是以烹茶酌酒来抚慰其旅愁之情；在博多妙乐寺院里见有《妙乐寺主僧林宗煎茶》诗篇。由此可见，人们已开始于煎茶之中自得其乐。这则故事里记述了老松堂似乎将日本的煎茶当作本国朝鲜茶一样喜欢，这些茶宴只要在《日本行录》里出现，几乎都是讲博多的内容。京都只见一例，就是在临川寺。"临川寺内游赠主师。本寺院的主师执掌国家的文书，见吾而煎茶。"仅凭此一例推断博多的煎茶要比京都盛行可谓下结论过早。但不管怎么说，当时在北九州欢迎来自朝鲜的访问者，并让他们饮思乡之茶是一个事实。至今朝鲜欢迎日本人和日本欢迎朝鲜人的茶史资料仅存 2 例，但我认为这足以让人感受到日朝两国间的茶事交流。是否有可能正是通过这样的交流，使日本人学习和吸收了早期普及于朝鲜的煎茶（叶茶）呢？关于日本的煎茶史，虽仍难以把握，但不能排除来自朝鲜方面的影响因素。

第二章

“寄合”拾趣

一、从饮茶发展到茶会

由荣西引进的中国宋代的饮茶习俗日趋见广，茶事被传播到了栂尾[①]的明惠上人处即为其中一例。关于明惠上人饮茶的故事只是一种传说，故实情难以把握。但观其位于栂尾的茶园以及记叙有明惠上人如何传授宇治人植茶方法的驹影之碑，足以让人信以为真。此外，自荣西献茶与源实朝将军的建保二年(1214)以后的35年，几乎每年植茶于大和兴福寺的四周。《镰仓遗文》[七一五三号，建长元年(1249)]中有如下略记："年年植茶，唯独今年之最，寺院众僧皆喜，四向汇聚，竞相争饮，仅三四个月已见茶尽，明年欲摘六斗，以表蒙恩之意"(后略)。另据兴福寺文书中记载："五年以后，即建长六年，植于同一庄园的茶增加到了一石[②]"。尽管如此，其量在当时很难说算多，故推测其为仅供少数人享用的珍贵药品。8年后，西大寺僧侣睿尊到了镰仓。据其随行弟子的《关东往返记》中记载：睿尊在行途中的客栈里曾施以"储茶"之事。详可见于弘长二年(1262)二月六日条目中：

> 六日晨。惣持之后辈纷纷来访。适值晨雨淅淅沥沥，后见放晴，午饭后乘船。惣持、贤雄乘船同往。湖面风平浪静，船靠山田津，一同于守山舍中储茶。即日之夜抵同国镜舍间。

---

① 今京都左京区。

② 一石为十斗。

据以往的研究称，睿尊于舍间受戒，同时施茶与穷人，所以至今一般都视为是施茶的记事。但近来石田雅彦氏却认为上述解释有些牵强附会。石田氏分析道：从睿尊的日程安排看，几乎无暇施茶于舍间，即使是前面提到的守山储茶也实难让人信服。因为从距离上讲，从大津乘船需要 5 公里，再要步行 10 公里方能抵达守山。再说在大津吃完午饭，若 12 点启程赶至守山最快也要到下午 4 时左右才能到达。再从守山启程抵镜需要 8 公里，一般也要花上 2 个小时，即使抓紧一点少则也需要一个半小时，这样即便傍晚 6 时左右抵镜，守山的滞留只有半个小时不到的时间，再说此间还要举行欢迎仪式、更衣、施茶、举行戒坛的受戒，再要换衣起程。石田氏认为从时间上讲要储茶是不大可能的。我大体赞同石田氏的推理。问题是“储茶”究竟是什么内容？石田氏认为，此处的储茶或许是睿尊本身为驱除旅途的疲劳而饮用的营养之茶（石田雅彦《关东往返记》关于“储茶”之说，《茶汤》第十七号收录）。由此可见，茶在 13 世纪中叶，依然被看作为一种高级的饮料。而我认为再也没有必要将茶看作药物。因为，若恪守严格的戒律，那么旅途中除了一日一餐以外，是不得享用其他东西的，即使睿尊为了增加点营养，服用的也仅仅是一种“药品”而已。况且，当年的日本人已堂而皇之地称之为“吃药”，养成了破戒之习惯。所以，睿尊所饮之物或许是近似于嗜好品的一种茶。

大约在发现《关东往返记》记录的 40 年后，有一位住于镰仓的文人武士，名叫金泽贞显，他的书籍里频频出现有关茶事的记录。贞显其人生于弘安元年(1278)，由于年轻时住于京都，所以对当时的沏茶习俗耳濡目染。书中记录道：

“京都茶唯相求于显助，方能得也。然其人离京期间却无人供应”。

“刑部权大辅近日将上洛(去京都),故明日备钱候之,新茶亦颇重要,前日受供者均喜悦无比,故好茶之人络绎不绝,即令其备足。兼及,显助法印小童等,所劳少减之际,顿感喜悦。”(《金泽文库古文书》626号)。

从以上内容来看,新茶对于贞显来说是何等重要,但新茶也已饮尽。恰恰此时又见好茶客人络绎不绝,均为祈求新茶踏至。为此,贞显叹息道:以往的京都之茶一直是有求必得,然其人回到镰仓后,却再也无人送茶了。此信表明了贞显的求茶心切之情。除此之外,金泽文库中还记有其他有关的茶事内容。阅毕不禁让人觉得茶事的普及之快,而且亦可窥见饮茶之风逐渐由个人(点)扩大到群体(面)的层面上来了。在相模国金泽的武士们正津津有味地享受沏茶的氛围时,奈良也已经发展起了大茶园。据《西大寺文书》记载,文保元年(1317),在西大寺的茶园里发现数百棵茶树被歹徒洗劫一空的事件。提起西大寺,让人联想到“大茶盛”[①]。若真有如此之多的茶树,那么在西大寺早已发现有“大茶盛”亦不足为奇。但不能作这种简单的推论。因要探究被称为“大茶盛”的庆贺活动之源是很难的。但就茶的生产和消费来看,无论从地区还是数量上,当时均有长足的发展乃为事实。

茶事在荣西回国以后,即在镰仓时代得到了快速的普及,如众所周知的民间故事《沙石集》中有这样一段记述:有一养牛人见一僧侣饮茶,便问道:“你饮何种药?”,僧侣答曰:“此药有三德,一德觉醒;二德助消化;三德控制性欲。”养牛人闻之十分惊讶,他说道:

① 日本奈良市西大寺的传统活动,用特大茶碗招待来参拜的客人们饮用抹茶,祈祷无病消灾。

“夜寝熟睡乃为乐事，饮而不睡，岂可饮得？本已是饥不择食，消化功能如此显著，岂可饮得？控制性欲要遭妻嫌的，岂可饮得？”就弃饮而走开了。《沙石集》是日本镰仓时代的民间故事集，作者无住是荣西的朋友。虽然很认真地宣传了茶的功德，却事与愿违。但不管怎样，这本故事集还是表明了，茶到了镰仓时代的后期已开始从寺院普及到一般老百姓的社会，这个老百姓的代表，在我看来就是在《沙石集》中出现的对茶抱有浓厚兴趣的养牛人。虽然养牛人最终未能成为茶的爱好者，但这则故事却从另一角度暗示了以往的僧侣之茶已开始渐渐地扩大到百姓当中了。这样，曾被看作为药用之物的茶，随着产量的增加，加上又在百姓当中开始普及，所以，可以自然地推测当时的茶已开始向一种嗜好饮料之茶的方向发展了。所谓嗜好饮料的茶，就是说茶中含有咖啡因，并能发挥其功效，使得众人“寄合”[①]的气氛越发高昂，最后使茶的“寄合”发展为品茶的一种游戏，这在《花园院宸记》元亨四年(1324)十一月一日的条款中有所记载。具体讲到日本南北朝内乱之夜，后醍醐天皇的心腹，举行了一种不拘礼仪的饮茶游戏。在正庆元年(1332)六月五日《光严院宸记》中有饮茶决胜负的记事：

“资名卿在本家几位心腹的伺候下，举行饮茶胜负之游戏，并出示赌物。这样知其茶的异同。实继朝臣、兼什法印各胜一回，并赐与赌物”。

这里的饮茶决胜负说的是取出两种以上的茶，品出是否同一种类或非同种类。其赌物后期发展到很大的金品等实物。正如南北朝的内乱造就了不少婆娑罗大名[②]那样，这是一种传统价值观与新

① 集会之意。

② 指那些放荡不羁、傲慢无礼、超越常规的诸侯。当时他们发起了对来自旧势力及权威的挑战，其代表人物是佐佐木道誉。

式人物形象激烈碰撞的转折时期的现象。饮茶决胜负，发展到以后的“斗茶”，它象征着新时代的到来，堪称代表实力派主义的某种感觉性“艺能”。因此，在讽刺后醍醐天皇登基后社会动荡现实的《二条河原落首》一书中出现饮茶聚会的内容也是完全可以理解的。

“茶香十炷之寄合，虽在镰仓那般乡间之地亦有人摆弄，但京城更是频繁。”

这里的茶香十炷（或许把茶讲十种同十炷香混同了）的寄合即指饮茶决胜负的“茶寄合”。这在足利尊氏颁布的《建武式目》中的“禁止群饮佚游之事”条中这样写道：

“如条款所言，尤重严制。沉溺女色，涉足赌博之业，此外又或号茶寄合，或称连歌会，赌注巨大，赌资不计其数。”

上面提及的茶香十炷的寄合，就属于连歌会、好色以及博弈等被禁止的游玩内容。在观其斗茶会以前，先让我们来确认一下“茶寄合”的内容。所谓“茶寄合”，其形态各异。《太平记》中可看到新兴武士的茶寄合。在日本南北朝动乱中粉墨登场的新兴武士阶层，与其说他们追逐正统，莫如说更喜欢那些具有异样风格的奇谈怪行。由此，我们来分析一下反

金阁寺

映了他们趣味的一个流行词“婆娑罗”，正如“婆娑罗大名”所体现的那样，它也代表了一种新型的人物形象。当时人们的欲望由乞求得到更多的珍奇物品逐渐开始转向拼命地收集由船运来的，被称作“唐物”的中国产的工艺美术品。《太平记》中记述了当时“婆娑罗大名”们竞相角逐地装饰那些豪华绚丽的唐物品，并在极其奢侈的宴会和斗茶会中任意地挥霍钱财的情景，引自其中著名的一段：

> (前略)京城内以佐佐木佐渡判官入道者道誉为首，聚起在京城之大名，举行茶会，素日竞以“寄合”度日，集异国本朝之宝物，并饰以百座之粧……(中略)饭后三献酒毕，取出斗茶之赌物百件。此外尚置不少“前引”(上回剩余的)之物，(中略)茶事毕后即以博弈游兴，因赌一回需五贯[1]、十贯，故一夜之胜负即有输五六十贯者，然则无赢至百贯者，(中略)其置朝中事务于不顾，纵然有人来告状，仍以酒宴茶会之由而加以搪塞，不与见面。(下略)

这一段话描写了可以算作婆娑罗大名代表的佐佐木道(導)誉(1295—1373)聚众举行“茶寄合”的情景。他们竞相以异国的珍贵宝物以及具有异国风情的交椅或豹虎之皮，把自己装扮成比起“异国大名”毫不逊色的模样。茶会的核心内容是茶汤。茶会后也要进行赌博，而茶会也“赌物达百件之多”，所以实际上他们进行的仍是有奖品的斗茶游戏。关于茶会的具体内容可参阅成书于14世纪末的《吃茶往来》，其中的第一章节是这样描述的(由鱼澄物五郎氏译，收录于《茶道古典全集》)：

---

① 古代钱币单位，当时1贯为1 000文。

> 只见珠簾挂于宫殿中，玉砂铺于大庭园前，屋挂帷幕，窗垂帷子。客人陆续光临，先取出水纤（葛粉条，一种点心），敬酒三遍，次配以挂面沏上一杯茶，然后取出山珍海味进膳。饭毕以水果款待，随后暂且离座，至庭园内观赏，或暂歇于树荫之下，或纳凉于池畔泉边。

此为前座，接下去才是真正的茶会。先简单介绍一下室内布置。所谓“饮茶之亭”的整个建筑“位于奇殿之中，二楼附设有看台，可眺四方景色”。建筑内部的壁面上是“左为思恭[①]彩绘之释迦，其灵山说法之饰，巍巍庄严；右为牧溪[②]墨绘之观音，其普陀示现之态，仙气飘飘。”即挂有释迦、观音的佛像，两侧置有普贤、文殊画像，还见挂有寒山拾得之画，还有其他种种绘画以及放有堆朱、堆红的香盒等工艺品。这些物品均从中国舶来。

接下去开始用茶，其点茶之法不同于当今的特殊点法，在《吃茶往来》一书中是这样描绘当时点茶之法的，有点类同于“四头茶礼”的点法：

> 茶壶内分别放有栂尾、高雄[③]的茶袋，西厢房前有一对装饰橱，其内堆放着平日鲜见之点心，北壁放置一对屏风，屏风后堆放着许多奖品。中间还见有煮茶用的罐子，釜中滚着沸水，四周排列着不少饮用之物，上均覆以布巾。客人坐定后，便由主人之子献上茶点，接着再由年少英俊之男子递上茶碗，只见其左手持瓶，右手持茶筅，并尽量使其靠近己身，由上座至下座逐个点茶献与客人。

---

① 张思恭，南宋画家，工罗汉佛尊等，日本藏有其所画释迦像。
② 宋末元初画僧，四川人，其作品主要收藏在日本，幕府时代被视为上上品。
③ 今京都右京区。

《吃茶往来》中的点茶之法尤为值得注意的是，茶点由其主人之子分配，尔后由年轻的侍从们分送茶碗，最后按先后的顺序，每给客人注完汤后就用右手的茶筅点之。既然是左手持瓶，右手拿茶筅，那么茶碗必握于客人之手，实为令人费解的点茶之法。

但《吃茶往来》中的点茶之法至今犹存，这就是著名的建仁寺中的“四头茶礼”。每年的四月二十日，即荣西的诞辰之日要举行“四头茶礼”。参加的人们无不惊叹于此古式点茶，无不为镰仓时代就有如此禅宗式茶会而感到惊讶。然而，切莫感叹过早，因为这只是部分的类似，即便拿建仁寺来说，这“四头茶礼”也只是作为“正式之斋”礼仪的最后一道程序而已。当然也可以理解为整个“斋”之礼中的一种特别的饮茶之法。让我们来看看相传于京都相国寺的禅寺院内所举行过的“斋之式正”的内容（出自有马赖底禅师的教示）。所谓“四头”本指四位核心宾客（主客），也是四头茶礼的简称。先于饮茶进行的“斋”本身已是四头之礼了。其记录的内容用现代文翻译如下：

“出膳　先由手长（配膳人）离开指定位置，从橱子上取下膳食，把有筷子的那一边放在自己面前，然后递给侍从，这样当侍从把膳食递给客人时，筷子就正好递到了客人面前。就这样，四个手长一起双手捧膳至略低眉眼处，而后递与侍从，返回指定位置。然后两个侍从一组，分别举行敬献仪式，先并排地站立于入口处，尔后跨左脚步入屋中，右面侍从行至主位跟前，左边侍从至前席跟前，跨出一步，跪下向客人劝膳，主位、前席一起接过膳食后，稍用一点就放下。这时侍从站立着叉着手，退一步后从里面绕回。”

这就是斋礼进膳的最初作法。那么饮茶法又是怎样的呢？食饭毕，膳具收起后即刻取出漆盘。这部分很重要，再读记录的内容：

缘高（漆盘） 手长（配膳人）把缘高置于平板（长方形盒）上后递与侍从。平板是以右手托住右沿，左手掌心贴于平板中央。以站立的姿势，并稍将身体向前倾斜，从上座之客开始，依次将漆盘递给客人。退下时同样右手托住漆盘右沿，左手贴于平板中央，呈大拇指朝外、另外四个指头朝内的托盘状，即呈右高左低之式，两个两个进退。

天目（天目茶碗） 接着在曲盆（圆盆）内，按客人的人数将放入淡茶的天目茶碗排列在天目台上，然后由手长举至略低眉眼处、再递给侍从，再由侍从两个两个按上述的仪式，从上座开始献茶，献毕退下时，须把圆盆的底部朝向客人”。“净瓶（水瓶）手长把水瓶递给侍从，侍从左手持瓶，右手竖持茶筅根部。两人一起进入，走到上座的客人跟前跨出一步，客人用左手拿起天目台上的天目茶碗，使得天目茶碗保持不动。这时，侍从就可以适当地向碗中注入热水。点茶形式是左手持水瓶，右手竖持茶筅，就这样左手持着水瓶，右手袖口稍稍卷起后，即用茶筅点茶，点完后依次按顺序退下。

仅从文字上难以领会，所以附下图助解。

不管怎样，相国寺的茶也与当今建仁寺的大同小异。让人感到惊叹的是，这种形式竟然持续至今。600 年前文献中的“点前法”[①]竟然重现人们眼前，这不能不让人叹为观止。但切莫以此来推理茶的

① 茶道的礼法等。

本源，我认为《吃茶往来》的茶会形式，或者点前之法是否借用了当时（即使是延续到现代）在禅院中所施行的沏茶方法呢？换言之，即《吃茶往来》中的茶会，仅仅是因为在具有禅院风格的会场里举行，为了体现一种氛围，才启用了四头式禅院法。再说也没有任何迹象证明，当时的饮茶法都是以这么一种形式来举行的。为此，我认为四头茶礼并没有向茶道方向靠拢，而仅仅是作为在禅院里所举行的沏茶法之一。写到这里，为了进一步说明，我们不妨重新回到《吃茶往来》的内容上来。在其记录中值得引起注意的是“茶会”一词的出现。在这之前几乎都以“茶寄合”称之。相比之下，遭到质疑的连歌，只能称其为连歌会，而不说“连歌寄合”。之所以敢于使用茶会一词，或许是因为茶会上已经出现了相似于连歌会的规则吧。此外，《吃茶往来》中的茶会恰恰是一种名副其实的茶会结构。在此，我准备把这种茶会结构与以后定型的千利休时代的茶会结构作一图表比较。

① 为客人上茶点

② 茶碗中先倒好茶，盆中放有茶点和煮好的蒟蒻

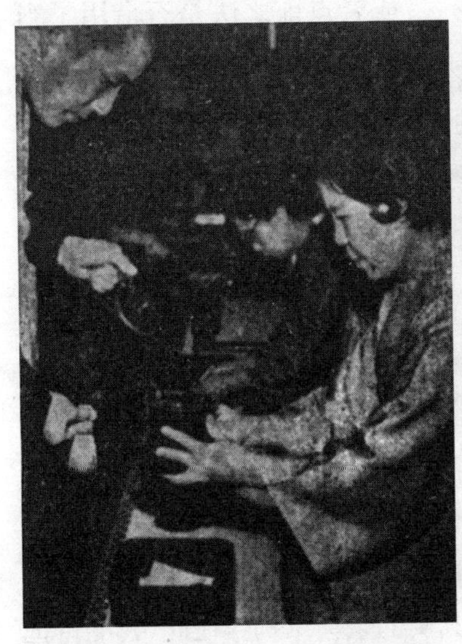

③ **左手持茶壶，右手在拿着茶筅的同时，边托住壶底边向客人碗中注入茶汤**

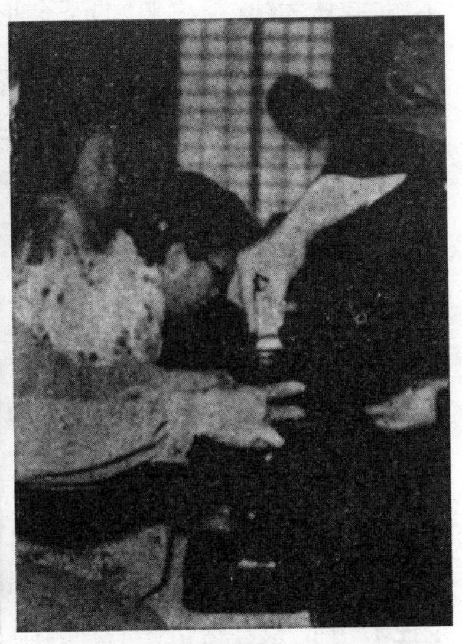

④ **让客人手持茶碗，保持住平衡，用茶筅点茶**

茶会的进行顺序			
	《吃茶往来》的茶会	千利休时代的茶会	
	① 书信的往来(欠)	① 施前礼	
茶庭的规矩	② 客人陆续驾到	② 为捐赠等而来的客人之聚会 ③ 客人在茶庭就坐等待 ④ 接受东道主的迎接 ⑤ 客人使用手水钵(蹲踞)(洗手漱口用的)	第一段
	③ 上水纤(一种点心)，献酒三巡，次上挂面，饮茶一遍。	无	第二段

续表

茶会的进行顺序			
	《吃茶往来》的茶会	千利休时代的茶会	
初座	④ 拿出山珍海味款待 ⑤ 以林园的美果子款待(含甜)	⑥ 客人从躏口[①]入茶室 ⑦ 亭主施行炭的点前(初炭) ⑧ 怀石 一汁三菜 ⑨ 点心	第三段
中立	⑥ 退席 走到庭园中乘凉	⑩ 客人出至茶庭,就坐等待	第四段
后座	⑦ 到二楼的茶亭 ⑧ 献上茶点 ⑨ 献茶,进行四种十服的斗茶	⑪ 入席 ⑫ 点上浓茶 ⑬ 亭主,施行炭点前(后座) ⑭ 点心,薄茶	第五段
后段	⑩ 收拾茶具 ⑪ 备好佳肴,劝酒狂欢 ⑫以歌、舞、弦、管等助兴	(利休否定后段之宴)	第六段

从上述图解比较中可以清楚地看到,相当于佗茶会中的初座、中立[②]、后座的部分已出现,虽然在后代的茶会中有扬弃部分,但是作为茶会的一种形式正日趋走向成熟。

二、品茶

人离不开群体,然而以什么样的原则来组成一个群体,这个群体又是如何形成的?我认为是因时代、地区而异。中世纪的日本人以“寄合”方式为基础。以后的“茶寄合”的起缘即源于此。但如果

① 茶室的小门,低而矮小,须低头弯腰出入。
② 茶事的初座、后座中间要到茶庭休息一阵,谓之中立。

只是为了饮茶，那未免太过于无聊。因此，日本人就在饮茶的情趣上下了不少功夫。其中最为流行的要数品饮茶味的斗茶方式了。“斗茶”一词源于中国，故与日本无缘。除此之外，中国还有一个“品茶”之词，这又未被日本所吸纳。后叙的“茶讲”一词，虽说是纯日本式的表达，但是，遗憾的是文献中却未曾出现。关于品茶的游戏，出现在前篇引用的《光严院宸记》的“饮茶决胜负”一条中，自 14 世纪初期开始流行开来，一直到 15 世纪。翻一下流行于 550 年前的《看闻御记》这本日记后，竟无人不为作者后崇光院（时为贞成亲王）对斗茶抱有的强烈好奇心以及那贪婪至极的游兴而感到惊叹。“看闻”二字真是起得妙趣横生，后崇光院的耳朵爱听社会的小道消息……，比如北野社发现了怪鸟啦，春日神社的怪事多啦等等，堪称搜听小道的顺风耳，甚至连后崇光院本人亦不得不向那形成小道之源的“密密的”人间世俗之地投去锐眼。这锐眼称之为“看”，明耳称之为“闻”，“看闻日记”就是这样产生的。再说当时后崇光院的日常生活如同中世纪表演艺术的旋转舞台，其表演艺术及游乐频频出现在当时的日记里，把当时的生活点缀得更豪华，有时表演一些今样（民谣）、吟诗或者跟着音乐哼小调，观赏猿乐①更是频繁之事，其他还有田乐②、狂言③、狮子舞、曲舞、放下④、品玉（日本舞蹈名称）等等，名目繁多，于此不能一一列举。但是这些表演均不是出于专业演艺人之手，而是多见于后崇光院和同伴们之间的游戏。当时的和歌及连歌等与其说是一种游艺乐事，莫如说是一种工作，其中，沏茶玩乐也占了一席。《看闻御记》中所讲到的

① 一种带有歌舞、乐曲的滑稽戏。
② 日本平安时代中期形成的一种传统艺术，由音乐和舞蹈构成。
③ 歌舞伎剧。
④ 日本民间艺术，有两种，一为说唱，一为舞蹈。

“茶”并不是今天的所谓“茶之汤”，而是一种具有独立性艺能功能的茶。那么当时的茶是否也曾经流行过呢？对此日记的前半部分关于茶事的记录屡见不鲜，但在后半部分却日趋减少，或许是由于日本南北朝时代（1336—1392）的余韵未消，所以在《看闻御记》的前半部分出现过斗茶的流行期。《看闻御记》中的“茶”大都为斗茶，或者带有斗茶性质的游戏。

在日记初撰的应永二十三年（1416）二月二十六日的记事中有一则“顺事回茶”记录。因此记事尤为出名，以致当今的茶道史必引用无疑。

“廿六日，雨天，前几日顺事回茶①，我、长资朝臣、沙弥行光等轮流负责举办。”

可见当时的顺事回茶是由后崇光院及另外二人轮流负责举行的，不仅仅是茶，其余顺事也经常出现。如顺粥、薪顺事等等。和歌会及连歌、连句是每月有例会。而茶会则是以轮流做东的方式进行游玩，是当时的雅趣之一。

“此顺事中必具奖品，当日……”

“奖品一事，应准备好游兴之物，根据规则须以同类型之风雅器物进行。”

若奖品中要强调意外的雅趣，那么就一定要备好别出心裁的风雅器物等等。那么，茶的风貌呢？有诗云“座敷聊餝之，屏风绘

① 日语中的“顺番”意为轮流，此活动为轮流举办，故称为“顺事”。“回茶”详见下文。

花瓶并之”。顾诗思义，即屏风环绕，置放花瓶，茶事开始前须有一献酒，此为补元气之酒。

> “次之为回茶七所，胜者各取所赢之物，如有余则抽签以决之。茶后行酒宴。（中略）事先备好之奖品若能得众人称赞，则倍感荣耀。”

读后未能让人感到茶的作用所在，完全由斗茶游戏的结果来决定奖品的得主，剩下的以抽签方式进行分享后，进入常规的后段之式，即酒茶并有，热闹一通。当时后崇光院提供的奖品评价极好，得其荣耀则欣喜万分。这些奖品是用一种和纸做成的附有笛子的竹枝，加上一管筚篥。记载上说此物是茶制的，实难判明是如何制成的。还有带风铃的花枝等，全部加起来共出具六件。

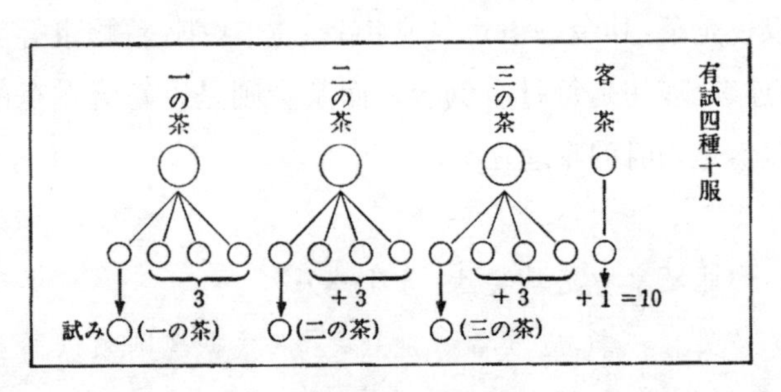

有试四种十服茶

让我们再来看看“回茶”一词。上述的“回茶七所”，只是《看闻御记》中记载的一种独特的茶游戏。“七所”指“七所胜负”（应永三十年正月二十一日条），或许是指给回茶增添一点雅趣，究为何指亦实难把握。关于“回茶”将于后篇中有所言及。在《壒囊抄》（中世纪的辞典)中有详细阐述,即为“十服茶”之意。此处的“回”之意不是指围成圆座的轮饮,而是“颜回”[①]的“回”字。十服茶当中有各种斗茶形式,如“本非十服”“四种十服”等。最为常见的是四种十服,其中设有“有试(有试饮)”和“无试(无试饮)”之分,而回茶即指无试的四种十服茶。那么,其形式究为何样?为了便于说明,先从有试的四种十服讲起。

首先从四种茶中取出三种茶,然后分成四摊,制成十二袋茶(参见图)。接着各取出一袋,分别告诉客人这是一号茶、二号茶、三号茶,并沏给客人试饮,要求其记住茶味,最后一种不经过试饮的叫作客茶。品饮比赛开始后,若客人喝的并非是自己记忆中的茶,那么就可回答是客茶(记录时经常只写“客”字的宝盖头“ウ”)。因为每种茶的四袋中分别只试饮了一袋,这样每种茶就各剩三袋,总计九袋,再加上一袋客茶就是十袋了。最后分别点好十袋试饮之茶,这就自然形成了十服茶。

与此相对,“无试”的四种十服回茶是这样进行的:把三种茶分别包成三袋,再加上另一种(客茶),也包成一袋,这就形成十个茶包了。因为没有经过试饮(无试),最先取出的茶即为(一),当然第一服茶不必为猜其茶的种类而挂牌。从第二服开始,若同前饮的茶一样,那么就得挂上(一)的牌子,若不同,就挂上(二)的牌子,就这样分别以(一)、(二)、(三)、(ウ)四个牌子来代表所猜测茶的种类,若有人取得最高分,便是《看闻御记》中所称的“一矢数”(以一知十)。在《壒囊抄》里是这样记述的:“此之谓回茶。回乃颜回

① 颜回,字子渊,春秋末期鲁国思想家,孔门七十二贤之一。孔子对颜回称赞最多,赞其好学仁人。孔子曾问子贡:“你和颜回哪一个强些?”子贡回答说:“我怎么敢和颜回相比呢?颜回听说一件事就可以类推出十件事(回也闻一以知十),我听说一件事不过类推出两件事罢了。”孔子说:“是不如他,我和你都不如他啊!”

之回，因其闻一知十也”。此说不无道理，喝一服知其十服。此外还发现有称为贡茶的记载。说是因为子贡称自己听一知其二，那么一种茶分成三包，若闻其一而知其二的话，就自然知其三了。这似乎让人觉得是一种带有悬念的说明。但是从另一角度，又多么像是一味追求文艺的《看闻御记》世界里的惯用词藻，给人以诙谐之感。《看闻御记》中的茶乐趣事除了“回茶”，还有“闻茶”及“云脚”。所谓“闻茶”（应永三十一年正月十五日条），即指闻其茶优劣的一种斗茶形式，“云脚”之乐趣就令人费解了。中国的茶书已见有“云脚”文字，意为劣质茶。就是说点好的茶，其发泡如同云流的云脚般即刻消逝。若属实，那么喝该茶会让人觉得苦涩而难以入口。《看闻御记》里有“云脚责伏”一语。

“（应永三十二年三月）五日，大雨。有文字之书。左右相分。左方予、庆寿丸、梵祐；右方重有，长资朝臣、今参也。”

如同文字所记载的那样，分左右进行比赛。此外，在《续群书类从》一书中也见刻有“左胜所课茶子云脚也”的文字。我以为“左胜”后面应加上句号，比赛的结果是左方胜出，即后崇光院是胜方，而其所课（被要求负担）之物即为茶子（喝茶时吃的点心）和云脚。“则右方出之，云脚责伏有其兴”，意为右方出其所课之物，此物即为云脚责伏。“责伏”给人的印象仿佛是输后以“云脚”来罚，以往都是这样释义的。但我却不这么认为。在同一记事中，即第二天（七日）的条款里：源宰相他们与后崇光院之间在尽情欢乐之余，有行文记录，当时赢家又是后崇光院。八日举行了庆祝仪式，又见文字记于左右两侧，这二回都是后崇光院为输方，所课之物定为云脚和酒海（指的是容器中的酒），并相约于明日再玩、散会。九日那天，当侍女们献上茶子和茶，后崇光院取出酒海时，其文字记载如下：

“云脚责伏。胜方。源宰相及以下饮六七服，逸兴也。”

显而易见，胜方源宰相他们饮云脚六至七服。为此，饮云脚之茶未必没有利得。令人难以置信的是，这种中世纪的斗茶形式作为一种民俗竟然流传至今日。在群马县中之条町白久保地区至今仍然保留着被人们称之为“茶讲”的活动，其形式与中世纪的斗茶有许多相似之处，有关该地的茶讲活动在江户时代后期史料中能看到。具体史料名称是《御茶香觉帐》，宽政十一年（1799 年），观其内容：

花 一||一○|二客三||○三|||○　　金四郎
鸟 二|二|三||三客三○　　政次郎
风 二|二|三||一|||三○　　虎吉
月 一○|||二|||客一|||○|二　　浅之助
（中略）
　千秋万岁
　贺叶贺叶

虽有不少省略，但从代号“花”的算起，到代号“叶”的，共计 26 人参加了这次茶讲，具体内容请与下页中所列举的延德三年（1491）的斗茶会记录作一比较。

上面讲到的宽政十一年（1799），即为 18 世纪末。虽不是中世纪的史料，但还是令我得到了不少启示。首先讲到的是四种十服

	花	鳥	風	月	梅	桜	松	竹	楓	山	木
二	二\	二\	三	ウ	二\	二\	二\	ウ	二\	二\	二\
一	三	一\	二	二	一\	一\	一\	二	ウ	一\	一\
二	ウ	三	ウ	三	三	三	ウ	三	三	二\	三
三	二	三\	三\	三\	三\	ウ	一	一	二	三\	三\
三	三\	ウ	三\	二	ウ	二	三\	二	三\	三\	三\
三	一	二	一	一	二	一	三\	三\	一	三\	ウ
二	一	一	三	二\	一	三	一	一	三	二\	一
一	二	一\	二	一\	一\	二	二	二	一\	一\	一\
一	一\	二	一\	一\	三	一\	一\	一\	一\	一\	二
ウ	三	三	三	三	二	三	二	二	二	ウ\	二
	三種	四種	三種	四種	四種	三種	五種	二種	四種	十種	五種

延徳三年正月廿一日
記十十十種茶勝負
新殿方へ御出時御輿行御茶
御人数十一人、仍如件、
十種茶勝負

四种十服茶胜负(引自《古川家文书》)

的形式,与中世纪的斗茶太相似了。如同我在后篇中要讲到的那样,虽然今天茶讲活动中的四种未变,但不知何时起十服却被省略到七服。不管怎样,以前确实是十服茶,而且其中意味匪浅。四种十服茶的比赛形式与前面所叙类同。但我隐约觉得,当时斗茶用的四种茶或许准备的是完全不同的另外四种茶。茶讲活动中是将三种饮品(茶)掺和在一起,根据其掺和比例的不同制成茶味各异的茶,或许中世纪的四种茶也是用掺和法制成口味略有不同的茶来竞猜的。这是我看了茶讲活动以后才有这种感觉的。再回过头看一看宽政十一年的记录:如第一个借"花"为号的人,喝过一回茶后答曰一号茶,这是正确的。正确的符号为"○"(延德三年的记录,其正确符号是"\")。二回茶答曰二号茶(为了不至于打错,其数字有横竖两种记法),这里没有答对。从正确者的答案来看,二回茶中有客茶。三回茶时答曰一号茶,是答对了。以此类推,即一、二、三回茶各服三回,只要品饮出哪一服是客茶,就算是品出了十服茶的茶味,26 人当中最高得分仅为 6 分(满分 10 分),比想像的要难得多。现在七服茶已变得非常简单，几乎每个人都可得到满分或至少能得五分，其结果是游戏变得简化了，说得更明了一点，就是开始由大人的祭礼变为孩子们的游戏了。

再以《中之条町志》作为参考来看其具体方法。使用的材料为陈皮、甜茶及苦茶。陈皮即把橘子皮晒干之后于当天将其细细地粉碎后用铁锅烘之。茶讲的准备工作从中午开始做起，充当煎茶者的村里的男人们围坐在烤炉前，用筷子慢慢地搅拌和烘焙炉中的陈皮，烘焙好后，就把甜茶、煎茶中算不得上等品的苦茶一并放入铁锅里过过火。在烘焙过程中，同时准备好制茶用的石磨，此物为茶讲用的特殊工具。因为磨子没有磨盘，所以只得用两手压住磨子推之，其磨子眼的刻法也很有特色。眼看陈皮、甜茶及苦茶的粉末犹如一座小山似的堆积起来，接着就把这三种材料进行适当的调配，制成四种不同口味的茶，其混合比例大致如下：

	一号茶	二号茶	三号茶	客茶
陈皮	一	一	三	一
苦茶	二	三	一	一
甜茶	三	一	二	四

当我进行实地考察时，只见出现在我眼前的却是一种不拘小节，众人围哄在一起边品味边分配的情景。有时听到诸如：“若甜茶放少的话，就不知其味了”，“若不再放一点苦茶的话，就区分不了了”之类的话。这就是四种茶的由来，现在我们所讲的七服茶，是把四种茶中的三种茶再各自分装成三小袋（共计九袋），这三小袋茶中，一袋称作“样茶”，剩下的两袋称作“本茶”，客茶也分成三袋，其中一袋称作为“样茶”，一袋称作“本茶”，另一袋称作“天神之茶”。这样七服茶指的是三种本茶共有六袋，加上客茶的本茶一袋即为七袋了。

① 用石磨把陈皮磨成粉末状

② 四种茶分别用陈皮、甜茶、苦茶的粉末做成

③ 用筷子搅拌大碗里的茶粉末和茶汤

④ 孩子们轮流喝茶

如上所叙，这样的茶讲活动在每年二月二十四日举行。第二天适逢菅原天神的节日，也作天神节的“宵宫之游”。中世纪以来，一直流传着一种“天神法乐”的说法。据说这一天将举行连歌、和歌等赛歌会，一般称作“宵夜文艺会”。“茶讲”也是在这一传统的基础上发展起来的，这一天，人们在天神画像前献上客茶，并称之为“天神之茶”，其他的茶也将置于托盘上一并上供，就这样人们翘首等待着“茶讲夜会”的开始。

“茶讲”是从洗心洁身的仪式开始的。人们围坐于座敷①后，就把洁白的盐撒于房内。参加的人们必须要洗澡，寒暄时也先问“您洗澡了吗?”洗心洁身仪式完毕后，女性就不便入座敷了，那是因为女性在民俗习惯中往往被视为“不洁之身”的代表。一切就绪后，茶讲便开始，先从一只口袋里把茶叶倒入茶壶，然后从围炉上的水壶注入热开水，用两根筷子进行搅拌，此法略具古风。茶筅是一种用于搅拌时发出“沙沙啦”声响的圆筒形竹刷，看似极其粗糙，若当时没有，也可用筷子搅拌。先把样茶倒入茶杯后分给在座的各位。这种仪式称为试味，接着就以“第一次试味”“第二次试味”按序逐个点上样茶。

接着开始品本茶。为了使品茶人分不清何种茶，举办者从托盘上将已打乱的茶袋各取出一袋按序点好后，分给在座的客人。这是由四五个人轮流品茶的饮法。据说点茶人也不知是何茶。因为在纸包的一旁用很小的字写着茶的种类，而且包得严严实实，所以如果不等点好后一张一张打开看就很难知道内为何种茶。饮了一口后，须一个一个大声作出回答，一旁的记录者将答案记录下来。其记录方法与前面介绍的宽政十一年的记法相同。茶讲顺利

---

① 铺设了榻榻米(草席)的客厅。

地结束以后，参加茶讲的孩子们根据其答案的正确程度，可分得各种各样的糖果。

虽然茶讲的四种十服变成了今天的四种七服，但要是根据宽政十一年的记录，白久保的茶讲活动的原型就是中世纪的斗茶，那么这中世纪的遗风果真就这么偶然地保存在这位于深山的村落中吗？还是出自江户时代某一个人的发明？我认为前者的可能性更大一些。因为在江户时代的记录《多贺神社年中庆贺活动》中已有这样的记载：

正月六日之夜，于社僧
时越之祝　十种茶在之

说的是在近江（现在的滋贺）的多贺神社内也举行过十种茶的斗茶活动，来作为祭礼活动的一种形式，现已荡然无存了，而且其他地方这类活动也见不到了。基于这一点，我认为这种活动一直残存到江户时代的中期，所以并不能过急地判断是哪个人的发明，而推测是中世纪的遗风残存更为合理。这中之条的“茶讲”之说，实为珍贵的民俗资料。它向人们展现了一种被渐忘了的，但又是茶道成立以前的茶事的真实面貌。

三、款待客人的茶

斗茶作为“寄合”的雅趣颇有一番情趣，但仅仅定位在竞相争夺奖品亦太无聊。而只有当一服茶开始包含款待客人的深意时，才有可能迎来新的茶汤时代，其外因条件是百姓中的茶店及街头之茶已崭露头角，与此同时，一直属于武家礼仪的茶也开始用于款待客人了。如前面引用的后崇光院的日记《看闻御记》[应永三十年(1423)]七月十四日中可以看到，当时举行盂兰盆会的惯例活动，即于光台寺门前布置了茶室，以茶款待来客。人们为求获得施茶而纷至沓来。本来就爱好热闹的后崇光院闻此情况后，在第二天晚间也踏访了光台寺院。记云：

> “入夜，后崇光院细致地参观了光台寺院施茶的过程，皇子、宰相及下属随同前往，他十分惊叹于茶室的房间装饰及精致时髦的风炉等，游兴十足。观毕，于人群中匆匆擦肩而归。”

这则记事主要记载了寺院的“施茶”情况，尤为引人注目的是还记载了后崇光院参观后的一种惊叹之举。因为茶屋装饰得风流时髦，这里的风流可理解为装饰物的富丽堂皇，其目的是让人们为其而叹羡。

庶民之茶并不单单指诸如伴随室内礼仪的观赏之茶，具有实质意义的茶也开始得到普及。应永十年(1403)四月条目中称：京都东寺南大门前卖茶的人们，向东寺立下誓约书，这些卖茶的人们就在寺院门前设茶座，不时向前来参拜的人们兜售一服一钱之茶(东寺百合文书)：

> “南大门一服一钱委托函，应永□四□口”
>
> 谨收悉函件，现公布南大门前一服一钱茶买卖条例
>
> 根据规定，卖者须为居住于南门河塘边缘之人，虽临时为之，亦不得移居于南门下石梯一侧。
>
> 不得将茶具等物临时置放于供养镇守官之室内。
>
> 不得乱取本宫及各香堂内之香火等。

不得擅自使用灌顶院内阏伽井水。

上述条例，若有违者，即刻从寺院周围驱逐。

特此颁布本条例

应永十年四月　　　　日　　　　道觉（画押）

八郎次郎　　　　（画押）

道香后家　　　　（画押）

正如上述誓约书所言，茶商们必须遵守诺言，不得将茶具置放于供养镇守宫的屋内，不得乱拿宫内及其他殿堂内的香火，不得擅自使用阏伽井的井水。就是说茶器具有失火的危险，禁止将香火和阏伽井的井水用于一服一钱的点茶。以后对于同样设摊于东寺门前的茶屋也常常颁布诸如此类的条例，足见当时东寺门前的卖茶生意日趋兴旺之势。此外，在这禁令的古文书中还记载着妇女在茶屋中的工作情况，看来这些茶屋之女不单单从事卖茶，还从事卖身。“茶”字常作色情的隐语之解。江户时代，只要一提起“茶屋”两字，便会让人自然联想到“妖媚之域”，其源流已在那些寺院门前的茶屋中显现了。

另外，在室町时代(1336—1573)《七十一番艺人比歌》中也出现过一服一钱的茶商，记有“挑担茶屋”却卖煎物的商人。这类商人究竟是卖煎陈皮之类的东西呢，还是真正卖煎茶的，目前尚无考证之据。但不管“挑担茶屋”也好，或夜藏茶具于何处也好，总而言之，那种带有流动性的茶商“风貌”已初见端倪。(具体参见《洛中洛外图》)。

随着时间的推移，一种固定式的“卖茶小馆”应运而生。诸如《今神明》《通圆》等狂言中所描绘的茶馆是作为当时一般百姓的娱乐之地而被收录其中的。《今神明》中有这样一段故事，说的是有一对夫妇从京城来到宇治的今神明开茶馆，但买卖并不顺心。其

寺院门前一服一钱茶买卖(洛中洛外图屏风)

缘由是“将茶置于柏木制之茶桶内,又似乎煮于炮烙罐子内,且伊势茶壶边有残缺,天道干晒后不辞而别,人皆不喜饮此类茶”。读文思义,推测此茶为不净之茶。“天道干晒后不辞而别”究为何意,不得其解。见煮于炮烙罐子内,此可推测为一种番茶(劣质茶)。天道即为太阳,意为日照之茶,“乞暇”有“道别”之意。连声道别话都没留下就默默地离去,故让人猜想,这类茶过路人们竟连看都不看一眼,一定是劣等茶。由此得出结论,上述一服一钱的站立街头兜售之茶以及茶馆贩子们所卖之茶,均为面向一般百姓的劣等茶。这种劣等茶通常也称之为“茶末子”,就是茶叶子中挑剩下来的碎末,当中还时常掺和着茶茎等物。如以“茶末子”为主题的狂言《簸屑》所言及的那样,从形态来看,应该属稍前一个时代的一种风俗,但不管怎样,还是能让人们看到茶在一般百姓当中的普及程度。

一个住于宇治的先生有一年适逢祭祀先祖,他想在给宇治桥上供的同时,在桥头举行“施茶”的仪式。这位先生平时是一个相当省吃俭用的人,这回虽说是施茶,但“毕竟就是为了润喉,与其煎茶,莫如直接以淡茶待之”。据说这位主人以往每饮一回茶就将茶末子保存下来，这回就以茶末子招待太郎冠者。精明的太郎冠者见主人出去后即叹道："那样倍受信赖的人其实是个大吝啬鬼。他处若逢茶事，有茶末子积留的话，要么倒入河中；要么用火焚尽。可他为何偏要存留下来呢？原来派这等用场，真是一个大吝啬鬼！"

即使茶得以普及，也不至于将茶末子倒入河中或焚于火中。此言应视为出于懒者太郎冠者之口。当时无论是施茶，还是大路两旁的茶馆内所使用的无非是这等劣质茶。观其当时风俗画中描绘的一服一钱茶，也都解释为一种站立销售的抹茶。但是又如同前面狂言中所讲的那样，并不一定都指抹茶，同时也使用了番茶或煎茶。用茶筅点泡的番茶或煎茶似乎让人有一种奇妙之感，但其实并非不可为，相反却能够点泡得喷香有味。这种以茶筅点泡煎茶的饮用之法，虽被人们遗忘于都市间，但作为一种民俗习惯至今广泛流传着。岛根县松江的朴点茶（botebotecha）就是典型的一例。这种代表民间习俗的茶，不知始于何时，大概是村子里"寄合"时款待客人的一种小酒吧之饮，至今已很少有人享用。

朴点茶，此茶特色是茶中稍微放入一点茶花（放多味苦）。只见茶花上带有点糊质，这正是用茶筅点搅时泛起喷香味的材料。茶碗一般比茶道茶碗要大要深，村里人把许多茶碗重叠起来，在一旁铜制的茶釜里煮好茶，然后注入茶碗，随即在茶筅顶尖沾上一点盐后轻搅，顿时细细的白泡在表面隆起，客人接到茶碗后就随意放入自己喜欢的（佐料），把它们同茶适当地掺和在一起后饮用。今天的佐料名目繁多，以前只有赤豆饭、红米饭、山菜及酱菜等等。若佐料沾在茶碗底部，就用手轻敲碗的边缘，使其滑入口中，或者用手指拨起来后再推进嘴里。人们把这种喝茶的习俗也称之为"摇茶"（furicha）。这种喝法全国分布极广，现在保留下来的除了冲绳的"朴苦茶"（bukubukucha）以外，还有九州的鹿儿岛、四国的松山，此外在日本海一侧的港城间也有零星残余。其他还有富山县的“扒达茶”(batabatacha)，以及在新潟地方也能见其踪迹。据菅江真澄氏的纪行文说，青森县也有摇茶，但内容因地而异，有时使用抹茶，而更多的则使用以茶釜煎的煎茶；又如富山县朝日町的扒达茶却使用了独具一格的黑茶，这种茶就是把茶叶揉好后即置于樽子内腌好，或者放入室内，简言之，就是再发一次酵，这类茶当数我们都熟知的“阿波番茶”以及“基石茶”。也许我不该把话题扯得太远，这些茶的制作方法和味道都不是上乘的，但正是这种以茶筅点泡起来的煎茶之汤，不禁让人追怀中世纪的人们，不也是为了泡制一杯好茶而要花上如此功夫的吗？

所谓款待之茶，就是作为在百姓当中流行的一服一钱的简便之茶而得以普及开来的。但与其相反，就是在极为严格的武家的正规礼仪中也可窥见款待之茶的另一种形式。作为武家正式礼仪中的系统性知识，一般称作武家故实。具体指射礼、放犬追物、放鹰等武家之教养，当然也包括武家一年中的例行活动。另一方面，上代未曾出现过的繁琐的食礼、赠送礼、行仪之礼也是一大特色。而作为故实的一种代表性表现要数“御成之礼”了。“御成”指的是主君巡访家臣之宅，当时尤指将军及大名巡访家臣宅第时的礼仪。天皇御驾至足利将军或丰臣秀吉的宅第也属“御成”范围。如应永十五年(1408)，后小松天皇御驾亲临足利义满的北山殿的仪式，对武家故实的形成产生过很大的影响；又如永享九年(1437)，在《室町殿行幸御饰记》中也记载了后花园天皇御巡至足利义教的室町殿时的情形。从中可见，以后的“书院饰”[①]雏形已成，或者也可以

① 室町时代中期开始，“书院式建筑(书院造)”兴起，人们在这里进行各种茶事活动，并把在这样的“书院式建筑”里进行的茶文化活动称作“书院茶”，其装饰风格称为“书院饰”。

反过来说，这些室内装饰作为故实的一种典型被固定下来从而形成了后世的书院饰。“御成”的故实就是在这样的背景下产生的。

《条条闻书贞丈抄》，它出自室町时代故实家著名的伊势贞顺宗五之手，后经江户时代故实家伊势贞丈加以注释。关于“御成”之形式，在这部著作中是这样描写的：当将军的御成一行到达时，作为亭主（主人）的大名即于门外迎候，抵达后即迎至公卿之室，在此举行三献酒仪式……。说到这里，伊势贞丈加注道：“所谓公卿之室御成，正如在御成全过程的记录中所言，先是入大殿而坐。公卿之室即指大殿之上的茶室。（中略）另在三光院内府实澄公的御记里记有公卿茶室为四畳（四张大草席）或者六畳。花之御所的公卿茶室为六畳”，即使在后来“书院造”完成后，惟独公卿之室仍然保留着浓厚的“寝殿造”特色（“书院造”“寝殿造”分别为两种不同的建筑样式，具体介绍见下一段）。“御成”中最具仪式感的要数三献酒了。在这期间，只见主从之间进行互献贡物和赐杯等复杂的礼仪，然后，在主殿及会所摆出七五三之膳，接着茶点招待后即摆出酒菜，变成酒宴。这时候在会所前面的“能”舞台上演出十三幕能戏，每幕演完后，就赐给猿乐扮演者衣服或钱财。有时酒至十三献、十七献，所以，下午二时开始的酒宴一直要持续到深夜，这样主君一行往往于翌日清晨才打道回府。

那么，作为御成会场的“书院造”究为何种建筑呢？据说在书院造出现以前，日本人的住宅建筑一般为公卿社会中流行寝殿造，而普通庶民的住宅则是一种“竖穴式”的无床住宅。14～15世纪，从日本的南北朝时代进入室町时代时，出现了被称为“书院造”的新型建筑式样。其特征为被称作“六之间”（十二畳）或“九之间”（十八畳）的近似正方形的房间，以及前面三室加后面三室，总共六间的建筑布局。中心房间里陈设着诸如押板、付书院、违棚等各种装饰橱架。“书院”这个词本来指的就是付书院，在镰仓时代出现的一种叫作“凭窗小课桌”的朝向窗户而做成的舞文弄墨的桌子，后来其功能逐渐改变，变成了起装饰作用的“书院龛”，也成了这类住宅建筑的总称。在这新款式的建筑中“装饰橱架”具有重要意义，可以说本来装饰用的橱架也成了建筑物中必不可少的成分。使用装饰橱架的室内装饰，即“室礼”就此确立。茶道也作为在这样的室内装饰中所举行的一种礼仪而开始登场。

书院式建筑的另外一个特征是，从那以后开始出现用草席铺设于地板上的榻榻米茶室。榻榻米最初只是供人席地而坐，一般中央空出，四周围铺着席子，越到后来就越是时髦，逐渐进入整个室内铺设的阶段。从建筑史的角度来看，起自14世纪末，到15世纪已相当普及了。但也不能一概而论，毕竟居民阶层以及建筑和房子的结构等各有不同。倘若在上述时期，作为武家的接待空间铺设榻榻米茶室已成定局，那么，这正是足利义满为统一南北朝而不断地扩展公卿群，使武家文化发扬光大的一段时期，而此时开始成为武家文化核心的武家故实秩序的建立就不能不引起关注。

乍一看，武家故实的确立与榻榻米茶室的成立之间似乎没有什么关系，但是，从人们的行为举止上看，似乎又觉得有不少关联。

日本式的御恩和奉公[①]，这种封建性主从关系的紧张氛围，集中表现在这些礼仪之中。表现方式反映在茶室上，在一个比较狭小的空间，而且必须在非常庄重的榻榻米上行礼，由于靠得很近，所以一种被主君所凝视着的紧张之感油然而生。这样就要求接待

① 在日本幕府时期，武士的“奉公”即为主君出生入死奋战沙场，以及为主人尽各种义务。而主人则对臣下予以保护，给以俸禄，被称做“御恩”。这样，通过臣下的“奉公”和主人的“御恩”，从而在主人与臣下之间结成牢固的主从关系。

方的举止行为须循规蹈矩，形成一种十分严格的规矩。比如在《条条闻书贞丈抄》中就记述了很多十分细微的行为举止之矩。从三献酒式到膳食的准备方法以及到酒肴的陈设等等，真可谓繁琐至极。最终形成了一种以举止来评价人们行为的意识。14 世纪末的教训书《竹马抄》中就主张："以其人举止观其人的品性优劣和心纯与否"。这种意识恰恰又是在御成的榻榻米茶室之上得到了进一步升华。随着不断地升华，开始追求唯美的举止，如在《宗五大双纸》已出现香不宜烧得太旺，礼仪不许太过于做作等等条目。另在《风吕记》中还提出，以书法的"真行草"之理念来确定其礼仪的举止，比如递刀之类的举止法度等。这些意识也深深地反映在日后逐渐成熟起来的茶道的"点前"之中。

《君台观左右帐记》中的书院违棚图
（东北大学附属图书馆收藏）

在武家最高接待规格的御成的武家故实当中，正膳结束后，作为宴会的一部分，要举行一个献茶仪式，由此产生了茶道的一种新型模式。一般认为，传于后世、被称为“书院台子之茶”的正式茶道的原型就是源于该新样式。但令人遗憾的是，由于室町时代中期的书院和台子的实证史料、画史资料极为稀少，故而难以明白其实际情况。

我们先来追溯一下书院台子的起源。据说台子的原型源于中国。在室町时代初期记录中讲到，台子便是饰于“会所”的装饰物，但与茶汤并无关系，同今天使用的茶台子是不一样的。若究其源头，也许看作书院式茶汤间的一种茶柜更为贴切。从书院式建筑的平面图来看，《御饰记》里详尽地记下了茶汤间的情况：“东侧地板稍低之室，一边置有茶汤橱架，对面之另一橱架为置物用，橱架南侧一角放有奈良纸”。在靠近会面座席的东侧方位上是备有茶汤橱架的茶汤间或者“点茶所”，由“同朋众”[①]把点好的茶递给主人。关于茶汤橱架的形状，根据成书于 15 世纪后半叶的武家故实书籍《君台观左右帐记》记载：下段放着水釜[②]、水指[③]，违棚[④]上排列着建盏[⑤]，如图所示，具体说明如下（东北大学藏本）：

茶之汤。如此，水指旁放有火钩及以棕榈毛制作之小扫帚，其皆倚立于橱架一角。

建水[⑥]非置于橱架上，而放在风炉左侧一方之榻榻米上。其下为名曰“釜据”之铜钵，其上可以较大之茶碗等物代替建水。夏季、冬季均为此式。青铜之物与茶碗之物，常配对摆

① 幕府的一种职业名称。
② 一种煮水的容器。
③ 用来盛干净水的容器。
④ 一种多宝格架。
⑤ 中国建窑烧制的黑釉茶碗，传入日本后被视为珍宝，十分名贵。
⑥ （倒洗茶碗水的）水桶之类的容器。

放。瓠子为彼时之时花，被插于细口之茶碗花瓶内，盖置[1]位于花瓶前，观之则油然而生一种与众不同之新奇感。

该史料因平假名很多，故难以读懂。大意是茶器置于何处等。比如，建水不应放在橱架上，而应放在榻榻米上，棕榈的刷具应置于橱架的一角，又比如茶碗之物及茶碗花瓶（形似茶碗的花器）都不是指茶碗，而是指陶瓷器。由此可见，当时在茶汤橱柜上，器具的置放以及种类的分布都已开始走向规范化。唯有点茶所，因不是直接在主人面前摆弄的，所以，很难搞清楚茶之汤的点前方法及其饮用方法。

纵观茶汤历史，一般把东山时代[2]的茶称为书院台子茶，并主张台子茶理应在台子上进行，但是正如前面所讲到的，既无画为证，亦无史料佐证。而真正的台子之茶恰恰反映在町众[3]的侘茶之中。前文图中书院茶汤橱架（违棚）为高低橱架，若将其改为一字板，那么就与台子的立面图完全相同了。茶汤橱架是制作好后安装上去的，取下这一部分置于移动式的橱架之上不就是台子式样吗？若是如此，书院茶中的台子当然就不需要了。这样解释台子之茶出现在町众的侘茶之中的意义，也就顺理成章了。但这只不过是一种猜测而已。

---

① 上下透空的茶席特殊道具，又叫盖托，用来放置壶、釜等的盖子。

② 室町时代中期，八代将军足利义政（1436—1490）的时代。因其在退位之前移居东山山庄而得名。

③ 城市里的工商业者。

第三章

走向艺能化

一、新型的茶汤

中世纪的人们以结交朋友而兴起茶事，其形式通过斗茶会等寄合的方式得以发展起来。但当时仅限于一种“茶寄合”的情趣雅事，并没有形成茶汤的体系。完整的茶汤体系形成只有在茶汤走向艺能化后才有可能。

把茶汤说成“艺能”或许让人皱眉。因为人们反对把带有修身养性性质的茶汤等同于一般娱乐性的艺能，而我所指的艺能不同于当今的艺人或文艺节目之类的现代意义上的艺能，而是涉及到艺能本质性的东西。

艺能领域大致分成四类。首先是舞台艺能，它会使人联想起戏剧、歌舞和音乐等。其次是民俗艺能，其伴有祭祀礼仪及例行的庆典活动。第三为现代生活里趋于绝迹的巷间艺能，即被称为“街头艺术”的手艺，如今人们运用激光举办的灯光盛宴等或许就是一种巷间艺能的现代翻版。第四是日本独特的室内艺能，讲的是在一般生活空间的室内进行某种艺能表演，其典型代表就是茶汤了。奇怪的是为何这种类型的艺能在外国不曾出现呢？而在日本，正是由于茶汤的出现，使得室内生活变得多姿多彩。

那么究竟什么是艺能？特征之一是基于紧张氛围之上的文化现象，具体表现在表演者与观赏者之间的你演我看上；其二，无固定模式的无形性，即强调“一次性效果”的非重复性；其三，超越日常性，祈愿能够超凡脱俗的内在意识。这些艺能构成的特征必须具备四个条件，即装扮、举止、室礼（室内装饰）、心灵感受。艺能表演时，表演者需要化妆、着装、携带小道具等，“摇身一变”而暂时成为另一个世界的人。茶汤完全不同于纯戏剧表演，而仅仅属于一种室内艺能而已，所以“装扮”就相形见绌了。但同时茶道却披着像“十德”[①]那样的独特外衣，而且必须使用各种茶道器具。装扮时要摆脱自我，一切行动必须基于一种“化身”的自觉意识。无论是能乐中的舞姿还是茶之汤的“点前”形态，都非常讲究，这就是“举止”。所谓“室礼”，若演戏即指舞台，艺能要有场所及大道具，而茶汤则需要有“露地”[②]和茶室。“心灵感受”即指各种艺能中所特有的审美意识，如“能”中的“幽玄”，茶中的“侘”，连俳句中的“冷枯寂”等等。这种心灵感受是集装扮、举止、室礼为一体的唯美意念。这四个条件具备了，才意味着茶汤艺能的升华。侘茶正是在这些条件逐渐成熟的过程中诞生的。仅仅饮茶是形成不了茶道的，虽说茶中的咖啡因会让人体产生变化（在第一章曾经提及）。中世纪的“寄合”创造了茶会的形式，茶器也逐渐变得成体系，还出现了茶室的前身——座敷。然而上述因素还缺了一个统合，即一种系统化的“心灵感受”。本章要解决的就是茶汤中的“心灵感受”究竟是如何形成的这一问题。言归正传之前，首先介绍一下村田珠光这一人物。

有一位叫金春禅凤的能乐者，他在谈及艺能心得时，颇有感触地说道：“珠光的故事中曾吟咏曰：‘无云遮之月诚可嫌’，此乃妙趣也。”（《禅凤杂谈》）这或许是出自禅凤对年轻时的一种回忆。据说禅凤崇尚风雅，大概在珠光面前赞美过中秋的明月，当时珠光以一

① 在茶道仪式中，男性特许穿着的一种短披风式的正式礼服。该服装以薄绢纱缝制，一年四季均可穿着。

② 茶庭，即茶室的院子。

言哂之曰:"无云遮之月诚可嫌"。禅凤是在永正九年(1512)左右,即珠光去世十年之后讲到这句话的。禅凤把这句名言铭刻心中并传与后人。细细寻味,此乃茶道之源本也。

村田珠光生于应永三十年(1423),卒于文亀二年(1502)五月十五日,享年八十岁。父亲村田杢一,是奈良的检校[①]。珠光作为其子,于11岁时进奈良称名寺做了和尚(《茶祖之传》)。称名寺是净土宗寺院。关于珠光为何出家,及其身居检校之位的父亲的情况我都不甚了解。据说奈良有个叫松屋的漆匠,透露了很多关于珠光的情况,并声称自家继承珠光流之茶,后在松屋世代相传。其后人于江户时代中期汇编而成的茶书《茶汤秘抄》中有此记载:"村田珠光(先在奈良后至京都),住于奈良中御门,为检校杢一之子",珠光的出身即由此推测。虽不知道当时身为称名寺僧侣的珠光的生活实况,但据民间传说,珠光有好睡之癖,而且经常于念经过程之中犯困。何法能治困呢?他最终想到了茶。

显然这是后人对茶祖珠光的一种无稽之谈。

珠光后来离开了称名寺,关于他曾住过称名寺一事只是在江户时代的茶书《源流茶话》中略有记述,书中接着说道:"参禅于酬恩庵一休和尚,悟得教外之旨,将圜悟禅师之墨迹赐与法信,并挂于室内,供以香花……",昔日的酬恩庵,如今也称作一休寺,属于京都田边町一薪大德寺的分寺,一休长期住于此间。一休宗纯之禅如同书法之风,具有狂然之势。他把自编的诗集称为"狂云集",是对于世间视其为"狂"的嘲讽,其实在他眼里,真正"狂"的正是这世间。即便如此,仰慕一休之禅者为数众多,特意从外地赶来拜访他的文人也有不少。连歌师柴屋轩宗长就是其中的一位,因为只

---

① 负责寺务监督的官员。

有皈依一休，方可出售秘藏本《源氏物语》来重建大德寺。村田珠光也是众多文人中的一个，其在师从一休门下时是否见到过宗长，实难考证。据说珠光的参禅是在他 19 岁之时(《茶祖之传》)。在有关一休的史料中出现过珠光的名字。第一处见于一休创建的大德寺真珠庵的记事本上，即文龟二年(1502)五月十五日记下的珠光庵主之名；第二处为延德三年(1491)其向一休和尚像的《真前香钱帐》出资百文；另外，其于明应二年(1493)一休十三年忌时曾捐出一贯钱。当时珠光为一休之禅的徒弟，这些都可从上述记事本及香典加奉本中得以证实。

此外，作为禅的修行证明，珠光还曾从一休师父那里得到过圜悟的墨迹。圜悟克勤是中国宋朝的僧侣，著名的《碧严录》就是出自他的手笔。该墨迹一直被看作茶汤鼻祖的珍贵墨迹，因此也是茶汤界最为稀有的物品。东京国立博物馆内收藏有一幅被作为国宝的《流圜悟》的墨宝(见下图)，虽无法确定是否就是开山祖师的

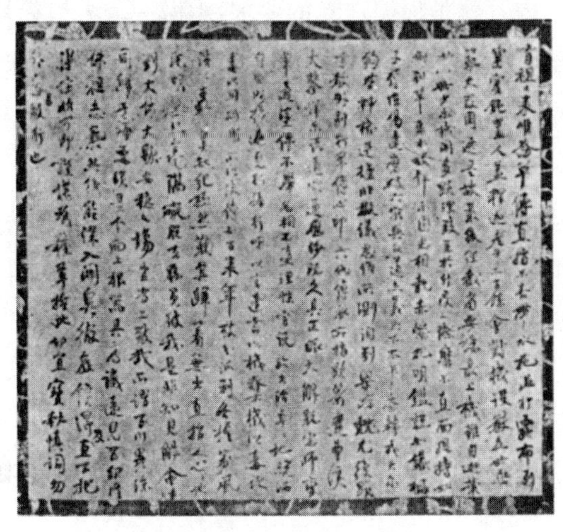

圜悟的墨迹(东京国立博物馆收藏)

墨迹，但据说其装裱符合珠光本人的嗜好（《宗湛日记》）。墨迹本应有45行，而现仅存19行。当时珠光被授予圜悟墨迹乃为破格之厚遇。从这件事中可以看出，珠光不仅崇敬一休，而且还一直追求着正统的中国禅宗。

若19岁的珠光叩拜一休门下属实，那么毫无疑问参禅以后的珠光定是住于京都，所以有人说他是京都人（《致池永宗作的一封信》）。在应仁二年（1468），47岁的他又返回奈良。据永岛福太郎氏称（《中世文学艺术的源流》），珠光是怕卷入应仁之乱而返回奈良的。不管怎样，从《山科家礼记》中可得知珠光于同年的五月二十七日住于奈良，这些记录见于朝臣山科家的管家日记。如：

“其次，向奈良的珠光方面提供大口袴裤裙，申请工本费贰百疋①。”

可见山科家也属贫穷官员之列，经营包括各种副业，其中销售用于礼仪之类的“职业服装”就是一个实例。

上述的内容就是根据珠光的要求，承做一条大口袴裙裤，议定费用等。虽不知珠光为何要买大袴裙裤，但可以证实珠光已有足够财力从京都通过山科家购置衣服等。在《茶祖之传》中有这么一则记事：“父亲为南都（奈良）中御门村田杢市（一说为杢一）检校，并非盲人，还是东大寺的检校”。若属实，其父亲是位具有东大寺检校之职的有权势者，非但不是盲人，还是一个具有相当财势的人。按常理其财产均应由珠光继承。其实珠光这位开一代风气之先的茶人，可以说给人的印象是全仗其雄厚的经济实力，才得以享受“茶汤”这样一种堂上（贵族）的风雅爱好。

足利幕府的历代将军都是艺术精品的收藏名家。其中，足利

① 很早以前的金子计算单位。如一疋为十文钱，后来发展到一疋为二十五文钱。

义满、义教、义政等将军尤为突出。如义满总喜欢把“天山”或“道有”等鉴藏印盖于收藏的绘画之上已广为人知。最近又发现嵌有“杂华室印”印记的鉴藏印为足利义教所有。在足利幕府的藏室里收藏着由历代将军所收集的种种艺术精品，当中最具独创性的文化创造者要数足利义政了。他在东山营造了后来被称作银阁等的山庄，于是今天便效仿“东山山庄”的叫法而称足利幕府收藏的珍品为“东山御物”。因此所谓东山御物并非单单指足利义政个人所收藏的艺术珍品，而是整个室町幕府收藏的艺术精华。这些东山御物几乎都是来自中国的绘画、书法、器具类等——即所谓的“唐物”。鉴赏需要特别的知识，装饰以及保管方法也必须十分精通，这样就产生了精通唐物研究并处理有关唐物之事务的“同朋众”这一职业。据说珠光就是通过同朋众被引荐到足利幕府的，并且同足利义政之间建立了深厚的关系。但这种说法疑点不少。珠光究为何人？坦率地说至今仍未发现有确凿的史料证明其事迹。虽然前面引用了有关珠光生前同时代史料中所出现的“珠光”字眼，但遗憾的是至今还没有确切的证据来证实其人就是我们要论述的茶人珠光。在此，我只想结合江户时代初期流传的史料来谈谈珠光其人的一生。此处暂且把其中提到的珠光一律看作为茶人珠光。

关于珠光的传说，进入江户时代之后越传越神乎，甚至说他曾仕从于足利义政（《山上宗二记》）。持这种观点的人或许认为，收藏于藤田美术馆中的“珠光庵主”这出自义政手笔的一款墨迹是有力的佐证。但不管《山上宗二记》的证言能多大程度证明珠光同义政有直接关系，我还是难以接受这一观点。倒不如说珠光与义政的同朋众之间曾经有过交流更为恰当。

关于东山御物，我前面讲到过一本叫作《君台观左右帐记》的书，该书就是作为那些藏品的制作者目录而最先撰写而成的。若不十分熟悉东山御物，是写不了这本书的。一般认为其作者是足利义政的亲信——同朋众能阿弥。在《君台观左右帐记》的后注里记述了由珠光授书与能阿弥的情形，这表明了义政——能阿弥——珠光这样的关系。收藏于东京国立博物馆里的《君台观左右帐记》的后注中记有："此卷由能阿弥相传于珠光。"

署名人为珠光的继承人村田宗珠。

对此，有一位英年早逝的茶道史研究者堀内他次郎早就关注到了这一点。他指出，珠光一方面师从能阿弥，学习书院茶这一讲究"唐物庄严"的茶道，另一方面，弟子里有像古市播磨那样的"土豪众"，所以其茶道又充满大众官能性的生活气息。正如古市播磨氏所著的《茶道史序考》中这样评论道：

> 以唐物为中心的贵族之茶和充满生机的庶民之茶并驾齐驱，最终由珠光奇迹般地一举完成了"意念的转换"，并逐渐地发展到佗茶。

这虽说是精辟绝论，但我还是怀疑当时的珠光是否能创造出如此高深的艺术，为此有必要对茶汤中所出现的珠光其人深究一番。至今对于村田珠光虽有不少传闻，但实际的情况不甚明白。然而尽管珠光的履历不明，其声誉却并不因此而下降。佗茶的集大成者千利休就曾高度评价过珠光，这在茶道史上尤为重要。

村田珠光的茶风被传到奈良的土豪古市播磨澄胤家里，后又传至同样位于奈良的商户松屋家。在松屋家记事本之一的《茶道四祖传书》中出现了"宗易出席，特别提到了珠光的名字"一条。在利休把珠光奉为佗茶的开山鼻祖之前，似乎没什么人评价过珠光。这对于自称其茶为珠光流派的松屋来说，似乎有点遗憾。但是利休却说，若没有珠光，就不可能产生佗茶之人，所以珠光才是名人。从此珠光的名声大振，就连松屋家主也颇为得意地启口赞叹了。

利休对珠光的评价有过好几次。例如，在茶会闲聊时曾谈及珠光从一休那里得到的圜悟的墨迹，其现代文如下：

> “关于圜悟的墨迹是珠光接受了一休的馈赠后裱装的，因为珠光是一休的徒弟，所以一休才赠予他，而我出了一千贯才得到。”（《宗湛日记》）

这是利休对珠光能得到这份馈赠之物而发自内心的一种羡慕之情。在《今井宗久茶汤日记摘记》里还有这样一段话：

> 珠光在临终时，把自己十分珍惜的投头巾茶入[①]传给了继承者宗珠，并叮嘱说不要把最高级的茶放入该茶器中，而应放下等茶。这就是佗茶之器，以前仅值二贯左右，后来价格猛涨。奈良有一个叫又七的男子买下那茶器后颇为得意。后来有一天听说了珠光的遗嘱，为此忧心重重，最终由于神经衰弱而死去。

不管是圜悟的墨迹，还是投头巾茶入，对利休来说，均属象征佗茶的名器物。所以，每当他观赏那些名器物时，都倍感珠光的伟大风范。利休的弟子们也深受影响，其代表人物是山上宗二。其《山上宗二记》开篇就是被称为珠光秘传的《珠光一纸目录》。珠光对于他们来说，首先具有慧眼，而且又是茶器物的权威。暂且不论

① 茶入，盛浓茶粉的小罐。投头巾茶入是村田珠光十分喜爱的茶器，据说珠光（一说绍鸥）初见此茶入时过于惊叹而将手里的头巾都扔掉了，因而得名。

器物,能燃起人们心目中对珠光茶风的敬仰之情的要数珠光的遗文——《心之文》了。这篇写给弟子古市播磨的《心之文》,虽然简短,但实属名篇,同时也是论及佗茶之本源的优秀茶文学,利休将其视作经典,后代的茶人也将其奉为圣文。读其全文如下(《茶道古典全集》):

古市播磨法师　珠光

此道,第一最忌自我主心与我执,见能者妒之,见初学者则蔑之,此等不足取也。见能者近之,敬佩其才华;见初学者则鼎力相助(为了读解之便,以上内容在此称为第一段),此道至关重要者乃以和汉为一体(第二段);近日若言及佗寂,初学者便手持备前或信乐之物,作皱眉鉴赏状,实乃荒唐矣。佗者,秉佳器而细品其味,自心底生发纯高品性,尔后方达枯高之境,得其奥趣也(第三段);纵然未获佳器,亦不可拘泥于之,得其奥趣乃最为重要也(第四段);一味固执己见乃恶事。又,无自我主心亦不可。铭道曰:

须为心之师,莫以心为师。

此亦古人所云也。(第五段)。

这篇不满四百字的短文,晦涩难懂。全文可分五个部分来理解。先是对心的"自我主心"与"我执"作了论述。"此道"诚然指茶汤之"道"了。然而,当时尚未出现茶道一词,珠光在历史上首次提出茶之汤是包含思想之"道",所以他被尊奉为佗茶始祖。

对于茶汤(道)的修炼者,其最大的心理障碍就是自我主心与我执。这是心之文的第一大主题。这里的自我主心即以我为主的自傲;我执,顾名思义,即以我为中心的一种偏执思想。因有自傲思想，故对优于自己的人抱有反感，而对于初学者则往往看不起他们，这是万万不足取的，要主动接近能者，而且必须抱有敬佩之心情，对于初学者要热情地帮助他们。“惊叹”(nageku)的词源来自“长长”的“叹息”，即指深深地感叹某事物的意境，多半用于伤悲的场合，这里则表示感触之深且赞叹不已的意思。简言之，即自然地去感受其奥妙之处。

接着第二段，文中指出，此道至关重要的是把“和”与“汉”结合起来，即把日本和中国两种文化之间的界限打破，使其交融，成为一体。珠光时代开始出现了一种和汉连句的文艺表现形式，连歌是以下句接着上句，一人一句，连吟扩展以竞妙趣。而所谓和汉连句则为上句是和歌、下句是五言汉诗，接下去再以和歌、汉诗的形式反复连吟，与连歌有异曲同工之妙。可以说，和汉连句这样一种新型文艺形式是在贵族们的和歌世界与当时颇为活跃之五山禅僧们的汉文学世界，这两者的不断交融中产生的。珠光的“心之文”产生的背景，也反映了当时的文艺动向。最先关注到这一点的人是永岛福太郎氏。他在《茶道文化论集》中主张中世纪文化的集中体现就是“和汉兼有之”。作为一种修养，仅仅停留在和歌或者汉诗上是不够的，而是要求和汉两者兼有。也许有人会说这是一种追求过高的文化。但这恰恰反映了“数寄”的内涵，所谓“数寄”就是出自一种贪婪以及无所不包的强烈的好奇心。

读到第三段，我感到第二段中珠光极力主张“和汉调和”的意图，或许会被误解为是对过分拘泥于“和”(日本)的意识所发出的警告。没有良器(专指唐物)的初学者以为，只要使用了备前和信乐的陶瓷烧等“和物”即可达到侘境，这纯属无稽之谈。因为侘的意境，并非对任何人都敞开门扉，只有殚精竭虑，进入最高境界的人才能享受。即不可故作其态，而是应该真正从内心去追求最高品位，然后达到否定一切、枯冷清瘦的淡泊境地，这样才会奥趣无穷。对于唐物等佳器首先必须细品其味，尤其强调“自心底生发纯高品性，尔后方达枯高之境，得其奥趣也”。此句意思与心敬法师评价正彻的和歌时所提出的意见基本相似。心敬法师说：“（和歌中）带有唐诗的面影，更有一种孤绝之感”（《老者絮语》），不言而喻，和歌学的影响已深深浸透到茶文化当中。

第四段，以“虽然，还有……”等来展开论述。其论理的展开类似于《南方录》中的侘之论。《南方录》中讲到绍鸥的侘之论时，引用了藤原定家的“举目四下望，花与红叶俱无，湾州芦屋边，秋之夕暮时”[①]和歌一首。其意是只有纵情地欣赏秋日红枫、那些最高级的唐物和名物之后，方能进入空无一切的芦屋，以达侘之意境。这与上述的第三段相似，即“尽情品味后，发自内心的纯高品性”。与绍鸥的侘之论相对照，《南方录》中还讲道，利休的“侘”强调的是心中要有红叶，而对于那些无法获得唐物及名物的贫穷茶人来说，总是向外部世界去追求花与红叶，纯属愚蠢之举。如果超越了器具世界，则心灵之花犹存，心之道具犹存。所以对于无法拥有器具的人，无须拘泥于器具，重要的是要具备能欣赏好东西的审美眼光。

珠光在《心之文》的最后部分又进行了展开，再引用其最后一节如下：

> 一味自我主心与我执，乃恶事。但无自我主心亦不可。铭道曰：
>
> 须为心之师，莫以心为师。
>
> 此亦古人所云也。

---

① 引自《日本茶道的世界》，作者罗成纯。

珠光的主张有些自相矛盾，在《心之文》里首句就断言，茶道的修炼最大障碍是自我主心与我执，随后又讲无自我主心则难以有建树，提出了与前者矛盾的观点。我们都知道自我主心与我执会使人变得何等卑劣，但这种私欲及我执一般难以摈弃，从而给人们带来烦恼。如果能轻松地抛弃杂念该多好啊！人们常如此感叹、憧憬彻悟的境界。彻悟并非易事，知恶难弃即为自我主心与我执，纵然珠光反复告诫也无济于事："道理都知道的，但是……"。于是珠光又准备了另外一种答案，那就是自我主心是有必要的，傲慢虽不足取，但这也是一种上进心的表现。希望自己比他人优秀，有竞争心才能有发展。如果仅仅局限于自己赖以生存的空间，那就会变成一个怠情者。想让自己发挥作用，这样的愿望有助于修行。所以，自我主心、我执也非常重要。那么如何来解决这对矛盾呢？

珠光在佛典中为我们找到了依据：须为心之师，莫以心为师。这"心"包含着自我主心、我执等种种的欲望和意识。人应当成为能自由驾驭自我的人，不应做屈从于欲望而被心所操纵的人。这就是珠光的主张。

文中有"铭道曰"一句，所谓铭道并非指具体的出典，而是当时经常用的词汇罢了，但日本的古典里曾出现过"心之师"的铭言。好像原来的出典来自佛经。在《大般涅槃经》第二十六卷的"狮子吼菩萨品第二"里有这样一段话：

> "愿成为心之师，而不以心为师，身口意业，不与邪恶交染，普渡众生。"

此外，在《大乘理趣六波罗蜜多经》第七卷中也出现过"为心师，不师于心"这样相似的话。从完成时间来看，这句话或许源于

《涅槃经》。细读下来，发现这句话也被引用在《往生要集》之中，后又被珠光引用。

那么，被珠光授予《心之文》的古市播磨澄胤究为何人呢？据永岛福太郎氏的研究(《茶道文化论集》)，历史上最早出现的，原籍奈良东南的古市之地的武士是在 14 世纪，其中有一个叫古市但马的人。系谱表如下：

古市但马——丹后胤荣┬播磨胤仙　┬丹后胤荣(春藤丸)
　　　　　　　　　　└禅实房宣胤└播磨澄胤

这里的但马、丹后及播磨不是正式的受领名[1]，而仅仅是一个通称，澄胤为真名。古市播磨生于宝德二年(1450)，卒于永正五年(1508)，即其师父珠光死后第六年辞世。当时正值“应仁·文明之乱”，社会处于极其混乱的时期。古市播磨趁乱之际，发挥了政治手腕。如发动德政起义，目的是要求放高利贷的酒商及土仓(当铺)放弃债权，当时挑起这场德政起义的就是古市播磨。起义开始之后，古市又即刻同土仓交涉，声称由他出面去平息起义，条件是必须交付相当数量的财物。从中可以看到古市扮演了一幕“自己纵火”，尔后又“自己灭火”的双重角色，他从中获得巨大利益而受到世人的斥责。当时他甚至这样对自己部下声称：倘若土仓不答应条件，就以德政为筹码向民众筹措资金。这完全是“下克上”[2]时代的作法。

在另一方面，古市播磨又以极富修养的上等文化人自居。其和歌系师从于猪苗代兼载，擅长于猿乐，并吹得一口一休也喜欢的

① 室町时代之后，有力的大名间产生了僭越朝廷给有功的家臣私自加封官名的风潮，与朝廷实际授予的官职名分开，称为受领名，可以世袭。一些跟朝廷或寺院往来频繁的商人也可以被授予。

② 以下犯上。

"尺八"[①],甚至还亲自举办过连歌会等艺道,茶也是其中之一。古市举办的茶会别具一格,一般被称作"淋间茶会",淋间即指洗澡。今天的地名中就有写作"林"而念作"风吕(furo)"的,"淋间"是"furo"(洗澡)的古语表现形式。这里的"风吕"乃夏天的趣事,指的是泡个澡后舒舒服服地享受一杯清茶。当然不仅仅限于茶,还有连歌和花卉,这就是"风吕的寄合"。如在文明元年(1469)五月二十三日举行的淋间茶会上,出席者包括古市家族及家臣总计达150人之多,显示了其"风吕"的盛况(《经觉私要抄》)。

> 今日初办淋汗(间),召侍者共聚。古市家族及家臣一千人等齐聚共欢乐,风吕备有茶汤。茶有上下二器:一为宇治茶;一为杂茶。白瓜二桶、山桃一盆,另备有细面,荷叶相附,有黑盐。

当时"风吕"的乐趣之事,必须记下由谁来烧洗澡水,实际上这并不是指烧水工作,而是指由谁来承担费用。并且"风吕"时备有茶水,有两个茶器,一个放宇治茶,一个放杂茶,大概举行的是以宇治茶为本茶的"本非[②]饮茶比赛"吧。此外,还备有夏季水果,以及充饥的荞麦面等。再翻阅其他日期的日记,除风吕外,还有关于设置茶室的记事。屋顶用桧皮覆盖,显得很轻松;橱柜等使用的是带有树皮或竹子的材料,使人自然联想到一种草庵风格的建筑。浴室中还有不少陈设,甚至把花插于天花板上,四周排列着无数带有图案的屏风和花瓶。在另一间里,把用棉花做成的作跳水状的娃

① 一尺八寸的竖笛。

② 参赛者饮茶后要说出茶的"本非",即所饮之茶是本地茶叶还是非本地茶叶。

娃置于内注有水的木船上，出水口上面造有蓬莱山，从乌龟口中流淌出美酒。这些装饰实在奇妙，正是当时的风雅时尚。

夏季浴后的一杯清茶，何人不以其为乐。加上茶汤的乐趣，真可谓乐上加乐。最后以酒助兴，酒醉之际形成一种不分高低贵贱的氛围。茶之汤就是这么一种开放性的乐趣逸事。

总之，可以这么说，是《心之文》这篇文章，开始把曾一味追求带有中世纪色彩的“寄合之茶”的古市播磨引入了“心中之茶”的境地。

二、武野绍鸥和连歌

村田珠光逝世后，其嗣子村田宗珠继承了珠光风格的茶汤，这就是人们通常所说的“下京茶汤”。在连歌师宗长的日记里，还发现记有“数寄”[①]这个与今天茶汤的叫法截然不同的名字。虽然当时崇尚珠光风格茶汤的人不多，但支持者却在逐渐增加，如京都的十四屋宗悟、松本珠报等活跃人士的出现，使得京都町众中的茶汤气氛日益高涨起来。当时在堺这个发展迅猛而有超越京都势头的商业城市中就出现了一位竭力推崇珠光茶风的“数寄者”，他的名字叫武野绍鸥。

武野绍鸥生于文龟二年(1502)，当时村田珠光已经离世。20年后，千利休也同样诞生于堺。据《山上宗二记》中记载，绍鸥30岁以前就是一位连歌师，师从三条西实隆，继而把藤原定家的《咏歌大概》给传了下来，而且成了重新构筑茶汤的一位名人。他擅长于中世纪艺能中极富魅力的连歌之道，并且以连歌中的唯美意识

① 喜好(茶道等风雅之事)。

为基础,创造了别具一格的茶汤。三条西实隆的日记中关于武野绍鸥的介绍屡见不鲜。三条西实隆是当时公认的最优秀的贵族知识分子,同时又是一位连歌学者,著作颇丰,83岁辞世。据说其勤于笔耕,留下了60年未间断的日记。这些记述日常生活琐事的日记笔力非同一般,不愧是一位文学大家。这本日记作为东山时代的生活史料也极具价值。日记中关于武野绍鸥的记录是在大永八年(1528)三月九日。初见武野的实隆估计未能准确记住绍鸥的名字,只是在堺南庄“武野”的名字上画了一条线。大概后来确认名字之后又在画线部分添上了“皮屋云云,新五郎”的字样。当时绍鸥的俗称为“皮屋的武野新五郎”。

有关“皮屋”的称号有不同说法。据研究武野绍鸥的户田胜久氏论述:武野家原先是若狭武田氏的末裔,战乱时期,流离失所的武田信光的曾孙定居于堺。因田园荒芜已成野地,故将武田改成武野。就是说,武野出身于武士之家,而皮屋仅仅是屋号而已,也是一种隐居遁世的“暂时状态”(《武野绍鸥研究》)。

原田伴彦氏是中世纪城市史的专家,他基于独特的民众史观讲述道:武野绍鸥是作为堺的代表性町众,是一位经营皮革的具有影响力的商人(《茶道太平记》)。

上述两种说法哪种更确切实难判断。事实上,绍鸥是一位拥有宝物达60多件的富商,而他的前半生又是一名精通连歌之道的文人。

让我们回到三条西实隆的日记中来吧。绍鸥初次见到和歌学界的权威贵族实隆时,才27岁。同年六月实隆开始向绍鸥讲授《伊势物语》,并在享禄三年(1530)三月二十一日赠给绍鸥《咏歌大概》一卷。从两者有近百次的交往记录来看,一方面绍鸥从实隆那里学到了许多有关和歌学的知识,另一方面,实隆从绍鸥那里也得到了不少馈赠礼品。如传授到一半时，实隆获取金子500疋，干鲷30块，酒桶2只及其他。几天后，讲课结束时，绍鸥又以500疋金子相赠。

天文五年(1536)春，实隆82岁，绍鸥35岁时，日记上记着，绍鸥携一大桶天野酒和一些雁肉及虾到访实隆家。这是两人交往的最后一则记录。第二年，由于实隆辞世，日记中断。有关绍鸥和实隆之间的连歌交流情况，至少在两年前(天文三年)的日记中即可见到，所以前述《山上宗二记》中讲到绍鸥30岁步入茶汤世界，或许改成33岁更为适宜。

茶汤和连歌会“猿草子”(大英博物馆收藏)

那么，为什么绍鸥将自己的爱好从连歌转向了茶汤呢？传说是为了遵循其母之遗训。即作为堺的町众代表人物，不可忽视一向作为町众共同教养之道的茶之汤。绍鸥开始潜心研究茶的时期是天文年间(1532—1555)，此时正值町众茶汤的鼎盛期。日本战国时代(1467—1615)是战国大名大显身手的时代，同时也是一个町众的时代。战争会把町众居住的城市变成一片废墟，一旦城市被毁灭，最终受损的还是战国大名。因此，他们为如何保全这座城市，以及如何将町中的实力派——町众纳入属于自己支配的势力范围而费尽心机。可以说在武士所向往的美好而繁荣的城市当中，堺是最被看好的。堺的町众们亲自管理市政，而且为这个城市能被实力强大，能拥有像三好氏一族这样的武士来保卫而倍感自豪。在这里町众就是主人。

天文年间前后是町众文化的鼎盛时期，而最引人注目的当数新流行的风雅趣味——“侘茶”。武野绍鸥们的侘茶就成了町众文化的精华。这时，热衷于茶汤的町众们开始把茶汤的经验记录并保存下来。如果受邀参加某人举办的茶会，他们会记下主人拿出了些什么样的茶器、吃了什么等等。这就是“茶会记”的雏形。被称为“四大茶会记”的初期重要茶会记中，《松屋会记》《天王寺屋会记》《今井宗久茶汤日记拔书》三部均记录于天文年间。由此可见，町众文化和茶之汤的流行在天文时期已掀起了一个不小的高潮。

茶会记又是町众的日记。日本人的日记史可追溯到古代的奈良时代。目前遗留下来的日记当中，日本平安时代初期的天皇日记是最早的。以后相继出现了贵族日记、僧侣日记等，而后又出现了武士日记，町众日记排在最后。记录日常琐事的典型性日记则更晚才出现。作为当时的一种很实用的日记形式，茶之汤的日记一开始是以町众日记的形式出现的。

最先记载武野绍鸥茶会的是《松屋会记》，时间是天文十一年(1542)四月三日，那时绍鸥 41 岁。在当时的茶会上已见有松岛茶壶、玉涧[1]的波浪图等最高级的名器物。由此可见，尽管绍鸥是中年才步入茶汤世界的，但在 30 多岁时就已是一位具有相当修养的茶人。在《松屋会记》中有一段茶会的记述：

---

① 中国宋末元初著名画僧。

> 奈良的町众松屋久政和钵屋又五郎二人周游堺城，遍历了町众们的茶汤。首日以绍鸥为主，翌日是津田宗达（津田宗及之父），至第七天是北向道陈，连续举行了七天的茶会。据说在出席绍鸥茶会的前一天，他俩刚入住堺的旅馆，就有绍鸥的随从前来转告说，明天的茶会上将使用玉涧的波浪图和松岛茶壶两者之一，主人问两位喜欢哪种？结果两位客人出现了分歧，又五郎喜欢茶壶，久政喜欢玉涧的画，最终相持不下，只好让来者回报说客随主便。

这个小插曲一方面表明当时茶人的兴趣是欣赏名器物，另一方面却也说明了主人待客的周到仔细。翌日，当二人出席绍鸥的茶会时，发现床龛间正挂着玉涧的波浪图，久政见后不禁露出会心的笑容。书中精确地记载了这幅画高 1.32 尺，横端有 3.75 尺。这尺寸是怎么得来的呢？是问过主人，还是暗藏了量具呢？目测是不可能测得如此精确的。裱装为上下是白底的金襕（一种金线织花锦缎），中间是淡黄色的金襕，一字风带为红绸缎子，是一幅相当有气派的大横挂轴。原是宋朝常见的山水画卷，后被修剪成适合悬挂的长度，并在日本进行了裱装。遗憾的是此物未能保存下来。

再看看茶室的茶器。有占切水指①、棒尖式建水②，还有基本款的釜③加上天目茶碗。占切水指足以显示茶汤的一种嗜好倾向，棒尖式建水为金属制，茶入④为有名的圆座肩冲⑤，置于四方盆之上，与天目茶碗相映成辉，是一件珍贵的器物。是否用了台子不

① 水指（装干净水的容器）的一种，外侧镂有一圈一圈粗糙条纹。
② 形状像抬东西用的棒，两端镶嵌有金属的一种建水（倒洗茶碗水的容器）。
③ 茶道中用来烧水的锅。
④ 盛浓茶粉的小罐。
⑤ 肩部棱角比较突出的一种茶入叫作“肩冲”。

得而知，没有“怀石”[①]之肴，只备有点心之类的小吃，如葛粉条水纤、木耳汤，干点是烤栗、羊羹、芋奶三种，口味非常清淡。

茶毕退席时，主人突然取出另一具精品，即松岛茶壶。一度失望的又五郎见到此物后顿时兴奋起来。可见有心的绍鸥最终使二人都得到了满足。

从今井宗久的茶会记里，再引用一段关于武野绍鸥茶会的记载。此茶会于天文二十三年(1554)举行，这年正值绍鸥离世的前一年，也是绍鸥的最后一次茶会。

> 正月二十八日晨　于大黑庵
> 绍鸥老御会　松永　宗久
> 　　围炉　上张　悬吊着
> 　　床龛　虚堂墨迹　初挂　前面放置着松岛大壶
> 　　净手间卷起墨迹
> 　　床之间　古铜花瓶　长盆里插着白椿花
> 　　水指　信乐　珠德茶杓　茄子茶入
> 　　天目茶碗中放有茶入　　曲建水引切(中略)
> 　　茄子高度1.9寸，中腰宽2.1寸，底0.95寸，口部直径0.9寸，形体匀称；底部见有绍鸥亲笔题写“航标”二字，并盖有印鉴(略)

正月二十八日晨举办的茶会，是绍鸥于自家的大黑庵款待了战国武将松永久秀。之所以叫“大黑庵”，据说是其在京都四条室

① 怀石料理，茶道中品茶前献给客人的简便的日式菜肴和点心。

町的夷堂一旁建造庵室时，因为夷和大黑[①]是并排供奉的而起了这个名字。有名的绍鸥诗歌中这样吟道："问我何以名，名谓大黑庵，秘事多少矣，均藏袋棚[②]中"。传闻是仿效大黑天财神所持的袋子，由此引申出绍鸥袋棚之说。鉴于出席茶会的贵宾中有松永久秀和今井宗久，所以那天举办茶会的似乎并非指京都的大黑庵，而是建于堺的大黑庵。

炉上用链子悬吊着"上张釜"。所谓的上张釜就是初期经常使用的一种茶釜，与普通的釜环方向要相差 90 度，从一开始就是作为吊釜制作的。从中可窥见晚年绍鸥的"侘"境。床龛[③]里挂着虚堂[④]的墨迹，这在当时的町众中实属罕见之举。正如大林宗套氏赞赏绍鸥的画像时所说："通晓茶禅内涵的人"。正因为武野绍鸥是一位展现了"茶禅一味"境界的茶人，所以才能大大方方地悬挂起虚堂的墨迹。

茶会进行到中途，收起墨迹，随后在古铜的花入[⑤]里插上一朵白椿花，看上去何等清淡高雅！茶入是被称为"绍鸥茄子"的茶器，也就是有名的"航标"[⑥]，茶碗是"天目"，水指是"信乐"，均为体现侘寂的极致品。而且，这一天茶会的床龛中央放有绍鸥引以为豪的松岛茶壶。

再翻开弘治元年(1555)十月二十九日的今井宗久茶会记录，里面这样说道："绍鸥老人家远行了，其子新五郎前来通报，即刻赶赴绍鸥家。"这是一则记载绍鸥仙逝的消息，绍鸥享年 54 岁。儿子新五

① 夷、大黑(大黑天神)同为七福神之一，经常被并排摆放接受祭拜。
② 一种橱架，下部一边为小柜子。
③ 日本茶室中专门设有一角，叫"床の間"，用来陈设插花、挂轴、香盒等，是茶室的精神角落。下文一律译为"床龛"。
④ 虚堂智愚，中国南宋高僧。
⑤ 日本花道中的一种插花器。
⑥ 此茶罐样子与航标相像，武野绍鸥曾在其底部献墨，因而有名。

郎，就是后来的武野宗瓦，首先通报给今井宗久是因为宗久之妻是绍鸥的女儿。当时新五郎还只有6岁，而他姐姐已是人家媳妇，儿子也有5岁了。所以，姐弟俩岁数至少也得相差20岁左右，或许是同父异母之姐弟吧。因儿子年幼，所以武野绍鸥的遗产由今井宗久来管理。当时，今井是作为一个财产监护人还是正式的财产继承人，不见有文献佐证。因嫡子年幼，所以我认为作为监护人较为妥当。绍鸥去世4年后，宗久举行茶会，邀请了松屋久政。席间照例动用了松岛茶壶，以及玉涧的波浪图、大黑庵秘藏的占切水指等等，这些均为绍鸥生前拥有的珍贵器物。此外，还设了“怀石”之宴。“宴会上运膳者是大黑庵之子、宗久之子二人。”（《今井宗久茶汤日记拔书》）

日记中记载着武野宗瓦（10岁）和今井宗薰（9岁）两人在宴会上送菜与客人的情景。从中也可看出，今井宗久当时能够自由地动用绍鸥留下的珍贵器物，而宗瓦则是在今井家度过其幼年岁月的。

武野绍鸥画像

这种关系随着宗瓦长大成人而画上了句号。永禄十一年(1568)，成年后的武野宗瓦为取得父亲的遗产同今井宗久发生了争执。这样本来作为监护人的宗久开始出现要私吞武野家财产的野心，至少在自尊心极强的正嫡长子武野宗瓦眼里是这样看的。后来，进京后不久，在实力人物织田信长的监督之下，分别对两家进行了仲裁，即由织田信长向两者提出了和解方案，具体内容不得而知，但至少该方案并没得到宗瓦的赞许，所以宗瓦最终拒绝了这个方案。最后裁决是以今井宗久的全面胜诉而告终的。

宗瓦拒绝了信长的和解方案后，显然处境不利，而就在这之前，今井宗久刚刚把绍鸥遗物中最为珍贵的松岛茶壶献给了信长。以往说法一直认为是由于主和派今井宗久向信长献上了松岛茶壶，才避免了战争在堺的爆发。然而，醉翁之意不在酒，其实宗久的真正企图很可能是为了在同宗瓦的较量中占据有利的条件。3年以后，二人才在津田宗及的调解下达成了和解。

为了更切实地反映武野绍鸥在佗茶发展过程中的重要地位，不妨来赘述一下绍鸥30岁以前的连歌师生涯。因为无论从武野绍鸥的茶汤来讲，还是从堺民众的茶汤角度来看，连歌都是绕不开的存在。正如前人所指出的那样，连歌对于佗茶的成立给予了很大的影响。

连歌始于日本镰仓时代，尔后经南北朝、室町时代，进入了一个甚至超越和歌的鼎盛时期。正如《二条河原的落首》这一讽刺南北朝动乱局势的诗歌中所云："时时处处歌连歌，人人似歌师"。整个城乡均在流行连歌会，人人俨然以师匠自居。诚然，连歌的流行是因为它是一种聚众取乐的形式，即针对五七五的起句，其他聚会者以七七形式附句，进行轮番的对吟。真可谓一歌联众人，喜悦伴其间。据说后世的俳谐连歌师松尾芭蕉曾言道："若从书台上取下，即变成一张废纸。"连歌会上，聚会者吟咏出多达上百句的连歌时，往往是无任何间歇的。但有时却是在经过深思熟虑以后，最后吟咏出博得满堂叫绝的珠玑之句。人们追求的是这种瞬间的、一次性而又无形的妙趣，最终完成的作品反倒是其次了。人们把吟咏好的连歌书于宣纸上，并将其置于书台的时候，作为艺能的连歌才算完成。但当连歌会一结束，宣纸被取下时，它仅仅是一张被揉作一团的废纸。

在和歌世界里，为吟咏一首和歌会让人苦思冥想好一阵子；相比之下，连歌就显得轻薄短小，而且易即兴发挥。尽管如此，连歌师却都十分认真，加上有不少烦琐的规则，由此又生出竞相弄巧的奥趣，所以连歌作为中世纪的聚会式艺能特别受人们欢迎。

作为日本战国时代的自由城市——堺的町众也十分憧憬连歌的世界。因为他们财大气粗，不时地邀请连歌师匠前去共享其乐。连歌师匠在日本文艺史上，也许是最早被当作一种独立的职业作家群吧。《筑波问答》等的撰写者二条良基氏是富裕的公卿，所以无须以教授连歌来谋生。但对于宗祇及其弟子宗长等来说情况就不同了。宗祇出身低微，入禅门后流浪为生。后来他之所以能够得到当地有实力的武士等的资助，无非就因为他是一位连歌师。当时部分连歌师渐渐地作为专业人员而被认可，其职业就是咏歌作诗，并且均能在连歌会上起到“一座之长”的作用。《七十一番职人歌合》[①]里也出现了连歌师这一职业。

既然以连歌谋生，那么他们就要寻找并搬到有连歌支持者的地方去，其中，堺的町众们就是连歌师的一方支持者。梦庵的牡丹花肖柏就是与堺结下缘分的连歌师中的一个。他作为一名和歌学大家，不仅能坚持进行对和歌学问中最具权威的《古今集》秘义进行解释的“古今传授”，同时也是一位能释解《源氏物语》的和学权威，但似乎行事比较古怪。与曾贴金箔于牛角，并骑牛在京城到处逛的一休宗纯的狂放风格十分相似。可能正是肖柏的这种性格博得了堺城众人的喜欢和欢迎，其晚年就是在堺度过的。关于肖柏的故事出现在《醒睡笑》中，也许并不属实。说是每逢元旦、立春之际，请求肖柏赋诗的人络绎不绝。一次，感到厌倦的肖柏对传话人说自己生病了，令其谢绝任何邀约，说完就睡起觉来。不一会儿、

① 室町时代完成的中世图文集，专门以各种职业人的生活为题材制作和歌并配以图画。

传话人前来通报说有人前来邀请吟咏“初子之日[1]的起句”，肖柏闻之大怒道：“不是命你一概谢绝吗？”“可是，来者将以三贯钱作为酬礼，所以我才……”。肖柏立刻跳将起来，说道：“我吟，我来吟”。三贯钱即当时的三百疋，相当于三石米的价值。虽不敢断定这则故事是否真实，但它告诉我们当时的连歌师是以出席主持连歌会或者吟咏连歌之起句等的酬劳来谋生的。同时也暗示了当时给连歌师的酬谢一般在三百疋上下，像这样愿意不惜重金邀请连歌师的连歌爱好者，在堺有很多。

热衷于连歌的人，随着爱好程度的增加，甚至弃职成为专业连歌师。有正当家业的，根本没有必要以连歌谋生计，只要能够得到连歌宗匠的称号就心满意足了。这种人就是“数寄者”，其中就有武野绍鸥。《山上宗二记》中说绍鸥 30 岁以前身为连歌师，这里大概说的并不是与肖柏及宗长一样的职业连歌师，而是热衷于连歌的类似资助者性质的宗匠吧。如前所叙，绍鸥是和歌学大家三条西实隆的经济援助者，更是堺城的一位具有雄厚财力的连歌师。遗憾的是至今未曾发现有关牡丹花肖柏与武野绍鸥出席同一连歌会的记录。但从两人处于同一时代及都曾活跃于同一城市堺来看，两人完全可能有连歌方面的交流。在此引用《山上宗二记》中梦庵（牡丹花肖柏）的狂歌[2]：

我之佛　邻之宝　姑爷岳丈　天下之战　人之善恶

肖柏将茶会的席间本不允许谈起的诸如宗教、政治、财产、牢

---

① 正月里第一个子日，古代一般要进行宴游、赋诗。
② 一种鄙俗的滑稽和歌。

骚之类的话题巧妙地吟咏进了这首滑稽和歌。倘若肖柏是应邀出席茶会，听到这些流传于町众之间的俗不可耐的话题觉得受不了而即兴作此狂歌的话，那么绍鸥和肖柏两人通过茶汤进行交流也是有可能的。

这种连歌和茶汤的交流在堺这样的城市（京都也不例外）中日渐盛行，而作为新兴艺道的茶汤，为了自成一家，从连歌里汲取了大量的养分。

首先，连歌对“佗”思想的发展影响很大。《山上宗二记》中有这样的记载：绍鸥常常如此说道：“……心敬法师连歌之语曰，连歌贵在枯寒之美，而茶汤的最终点也是如此。”对此，辻玄哉表示赞同，并补充道：“茶汤风格应年年有变，须向先辈们学习。”佗的深奥意蕴在于“枯寒”。辻玄哉于此引用了师从绍鸥习茶时所记下的师傅之语。辻玄哉也是京都的一位有名的连歌师，同时也是一位茶人。

当然了，受到连歌影响的并不仅仅是茶的思想，户田胜久氏在《武野绍鸥研究》中认为，连歌会对茶会的存在形态方面的启示更多。二条良基氏的连歌理论书《连理秘抄》中对于连歌会的举行方法有如下的描写。现代文译文如下：

> 举办连歌会，首先要选好时机，而且还要选择景观优美之地，比如利用春花秋月或者白雪皑皑的美丽季节，能使人深切感受变化无常的自然现象，唤起人们内心的一种“灵动”之感，由此创造出美妙言辞。绝不能举办人数众多的集会或暴饮狂言之筵席，而应选时择机，并召集志同道合的数寄者，潜心静坐，深有感触地吟咏出妙言佳句。

这段文字也可以原封不动地拿来说明举办茶会时要做的各种

准备。择期选址毋庸置疑，更为重要的是任何喧闹纷杂的氛围都应拒之门外，只有追逐富有情趣的清雅氛围，才是茶汤之会的奥趣。

连歌会的妙趣就在于遵循复杂烦琐的规则，在句子与句子之间营造微妙的关系并鉴赏之。这种句子之间的关系即为人与人之间的关系，或许也是一种心灵的交流关系。连歌与茶汤之间唯一不同的是交流手段，即连歌用的是语言，而茶汤用的则是道具。到了 16 世纪末，茶汤的盛行超过了连歌，甚至出现了以茶汤道具的功能来对连歌进行解释的事例。

曾用连歌的形式劝谏明智光秀发动本能寺政变的里村绍巴所写连歌理论《连歌至宝抄》一书，是为了向丰臣秀吉传授连歌而撰写的。其中就举了茶汤的例子以引起丰臣秀吉的兴趣。藤原定家的《咏歌大概》中有这么一段话："诗歌的精髓就是要注重迄今未曾有过的情趣及思想的新意，且所用语言必须是古雅之语也。"咏诗歌须以古诗歌为师，所以必须通晓古语。绍巴认为："只有这样，才能吟咏出好诗歌来。茶汤也是如此，即在一边使用古道具时，一边于内心挖掘其新意，这岂不正合定家大人之本意吗"。

无论是精神也好，歌会、茶会的举办方式也好，或者道具与情趣的相互关联也好，连歌与茶汤之间有着深深的姻缘关系，甚至连手法也有不少相似之处。所谓手法即指吟咏连歌时的添词附句及比喻手法。茶道具的组合正如同连歌中的起句、配句及第三、四以下句子之间的附会融通一般。同时，关于茶道具的联想和连歌里的比喻手法本质上也是一样的表现手法。

三、"侘"与"数寄"

对于侘茶的成立，必究其"侘"的审美意识之由来。那么，象征着日本人审美意识的词语——“侘”的内涵究竟是什么呢？而且，这“侘”的审美意识又是如何被确立起来的呢？

类似于“侘”的词语里还可以见到诸如“孤寂”“冷枯”“枯瘦”等。这些词语一般意为枯淡之美、不足之美、不全之美、否定之美。这些词汇间有着细微的差异，而一旦被问起其差异何在，人们往往难以把握其确切的含意，本节就围绕这个主题来展开。

“侘（わびwabi）”一词是古词，最早出现在《万叶集》里，意思显然不是表示喜悦之情。随着年代的推移，在《百人一首》中，由藤原定家所选的和歌里已有数例出现。如：

与君相会难，至今苦痛向谁言？爱焰心内焚，愿做难波航标立，舍身无悔为红颜。（わびぬればいまはたおなじなにはなるみをつくしてもあはむとぞおもふ）

情人何处去？一寸柔肠恨几许？罗衣泪不干。徒有浮名实堪冷，独酌苦酒空对烛。（うらみわびほさぬそでだにあるものをこいにくちなんなこそおしけれ）[①]

这是两首有名的恋歌，似乎“侘”与恋情之间有着特殊的因缘关系，这种失恋的凄寂之情，即为“侘”。

在此联想到“すき（数寄 suki）”一词。其原意为“喜欢（好きsuki）”，后来意思产生了变化，才被赋予了“数寄”这两个汉字。若对一个人喜欢得着迷，那就是一种恋爱了。“喜欢（好きsuki）”的原本意思为好色，所谓色，即意为陷于一种很深的恋情，如同《伊势物语》等作品中所出现的“好き”那般。不久“好き”这词与恋爱就

① 译文引自《古典和歌百人一首》李濯凡译注，首都师范大学出版社，1994年。

变得没有关系了。虽然仍有恋爱一般的忘我之意，但是，对象已不是人了，而是移向了管弦之道，即音乐、歌曲的世界。综观之，“すき”源于男女间的恋情，日后逐渐演变成追求风雅的意思。最后，文字也由“好き”变成了“数寄”。

“侘”意识关联到恋情时，它表达了一种无以排遣的心境。可是，不久它却摈弃了世俗的欲望，逐渐地演化成一种表达寄情于风雅的隐逸者生活感觉的词语。这种演变背景里，蕴藏着中世纪草庵文学和隐逸居士的审美意识。

如以吉田兼好的《徒然草》为例，其中有这样的著名片段：

> 樱花盛开时节，月不为纤云所掩之际，此谓妙趣否？然对雨恋月，垂帘不知春深，此时更具深切的哀恋之感。欲绽未绽的樱花枝梢、落花飘飘的庭园，犹值一看。

这样一种对雨恋月的情感即为“侘”。此种意识与村田珠光的“无云遮月诚可嫌”一句何等相似。此意并非否定圆盈无缺的满月之美。中国的习俗认为圆月出现残缺象征不祥的预兆，但这与侘的思想毫不相干。莫如说，无关月圆月缺，由于乌云的遮掩而不能尽情欣赏美月恰恰正是其意义所在。所以，现实中虽看不见，脑海中却有美丽的月亮。就是说人脑中的印象要比“现实”更趋于理想化，理解这一点至关重要。

请再看一段《徒然草》的记叙。有人曰：“薄纱书皮，破损而显得寒酸”。歌人顿阿曰：“薄纱上下绽裂，卷轴螺钿之釉剥落，别具情趣”。真可谓令人叹服的高雅情趣。

当时，书籍多为卷轴式，称为“卷子本”，卷轴表面题写着书名的封皮均为薄纱所制。上段诗意为，有人说书皮绽裂，观之觉得寒磅而生厌，于是，歌人顿阿说："并不是这样，莫如说上下绽裂，装饰卷轴的螺钿的釉色斑驳剥落，反会让人觉得更美"。对此，作者吉田兼好甚为叹服。因为，这种场合的否定之美更近似于一种"灭绝之美"，或者也可说成是一种盛极而衰的哀伤美，与前面提及的赏花不应只观赏盛开之花的观点相同。樱花凋落的庭院之美，别具一格，换言之，即为枯瘦之美。

枯槁、枯瘦这样的词语已频频出现在《源氏物语》中，比如在《葵姬》卷中，对于失去葵姬的源氏公子意气消沉的状态有如下的描写：

"源氏公子衣衫不整，就系上衣带。便服里边衬着夏季鲜红的内衣，形容枯槁，十分美丽，令人百看不厌"。

时至十月，却仍身着夏装并披着便服，这衣衫不整的公子形象，即为"枯瘦"，正是这样，才有一种百看不厌的美感。"枯瘦"原意为心病缠身，体瘦形衰，本无美可言。而一向是身强体壮，精神抖擞且美似天神的源氏公子，突然间变得病魔缠身，体瘦形衰的一种"哀愁之感"却反而打动了人们的心。至于枯瘦，在审美的意境中强调的是哀衰、破灭等哀愁情调中的追怀昔日的盛时之美。

再引一段《徒然草》：

有人曰："一切皆圆融无缺，实为至恶之事。留存残缺，将其弃置，才有意味，内藏一缕生命尚在延续般悠然况味。建造皇宫时，最终必残留未竣之一隅"。

这里旨在阐明，一切都完美无缺，并非理想之美，而有意留下点什么，让人遐想，反倒是意味隽永。因此，即便在建造皇宫时，有意留残未完部分反倒是好。正如同弘融僧都在《徒然草》中所说的那样,“欲求物之完美者,为拙也。而应以残缺为宜”。这种审美观与上述意识如出一辙。完美无缺,即“圆融无缺”状态被视为不好,所以这种美是不完全之美。但是,我认为“不完全之美”这个术语这里用得不够贴切。而应超越“完全”或“不完全”这二元的观点,不完全当中蕴藏着完全,同时完全当中也包含了不完全。

我认为《徒然草》中的“残留未竣之一隅”一句意味深长。即从一开始就有意识地考虑到“残留部分”。以建筑为例,北京(我现在正在北京写这本书)使我感触最深的就是城墙了,或者说是一种“城墙的思想”,我发现那一墙之隔仿佛把我们从自然界当中给清晰地分割开来。昔日的万里长城也罢,或者是已经消失的北京城墙也罢,它们均为防御外来侵略而构筑的;同时,又是一种人与自然界的隔离带,即城墙外为夷狄居住的未开化之地。这些现象从现代的中国建筑上也能感受到。比如说这里有一块以后要建造厂房的空地,尽管四周是一望无际的原野,但人们还是先用砖砌成围墙,把这块空地给团团围了起来,可里面还是宽阔的原野,那么究竟为什么偏要筑墙呢,看来,首先是要构筑起一个整体的架子。

这里让我们来看看紫禁城的建筑规划。其设计思想是左右对称,南北贯通。就是说首先确立一个中心点,然后再划定南北的方案,东西则形状相同。因此只要有一个方向被确定下来就可以形成完整的方案,城墙内无法再进行增减和调整,只能照此建设,所以是不可能获得“残留未竣之一隅”这样的意境的。

与此相反,日本人的建筑却从一开始就缺少欧式的构思,建筑计划形同虚设。先搭建建筑的主体部分,然后根据实际情况调整,不够就补足,多余就拆除重建。建筑的永久性从一开始就不在他们的考虑之内。

紫禁城

桂离宫

让我们来看看桂离宫这一具有代表性的历史建筑吧。先是建古书院、中书院，然后再建新御殿。整个建筑风格宛如大雁东南飞，无人不为其造型的优美而赞叹。微妙而富有变化的屋顶造型、支撑在高高的地板上的纤细的柱子、白墙与纸糊窗的交汇相印……然而观其整个建造过程，才知道起先并没有任何计划要建成像今天这般"雁飞行"的形状。古书院建成后大约过了20年，发现书院狭窄才扩建了中书院。又过了20年，为了迎接后水尾院的御驾而扩建了新御殿，这就是今天桂离宫的由来。由此看来它并不是出自哪一个人的杰作。如果从一开始就按照完整的规划建造才能叫作建筑的话，桂离宫就很难被称为建筑了。然而，这样反而效果很好，或许应该说正因为如此才显得更优美，正像"残留未竣之一隅"那样，未完工的部分在根据需要进行增减的过程中逐步达到完成。为此，开始就要有意识地留出空白，而含有这种未完成之空白的状态，正是日本审美意识中的真正的完美。

那么，成为茶汤之别名的"数寄"反映的又是什么样的心灵感受呢？"数寄"的原义是喜欢，若是喜欢得不可自拔，就是一种恋爱，因此喜欢的本意就是恋爱的具体表现。

从平安时代后期至镰仓时代，已见有"数寄"两字，内容是指崇尚风雅之情。但喜欢方式却非同一般，即一种让人感到近似于发狂式的"数寄"。室町时期的字典里对数寄有"僻爱"的释义，意为一味地追爱。有道是"喜好能生巧"。我不知此语出自何时，在《袋草纸》中记有能因法师之语："要喜欢，只有喜欢，才能吟咏出秀歌。"不管怎么说，只有忘我地追求，才是成功的秘诀。

对此，世阿弥在《花镜》中，有一段简洁且充满妙趣的话，现代译文如下：

> 要修练成功必须具备三个要素。第一，作为素质，必须具备与其相当的能力；第二，要有喜欢之心，必须具有专心致志，勇往直前的进取精神；第三，须得此道之良师。若不具备此三要素，就无法让人相信你是一个进取之士或具有师匠之功力的人。

确实如此，我们的学问世界里也是一样。尽管你很努力，但是如果没有能力的话，照样不能成为一个优秀的学者。若是有良师及前辈的指导，或许会有意想不到的发展。然而，最为关键的还是要有爱好学问之心，而且对自己的研究课题须有持久的热情和专注，否则就不可能产生优秀的成果，这虽然有点玄，但毕竟也是事实。

《吃茶往来》一开头就称前来参加茶会的人士为“好士（风雅之士）”，如按训读法，念作“すきものsukimono”。15世纪初，爱好茶的“数寄者”出现了。和歌理论书《正彻物语》中有这样一段名言：

> 首先，茶的数寄者要爱护茶器，而且，必须拥有诸如建盏、天目、茶筅、水指等各种各样的茶器，并要做到尽情地欣赏享用。此外，“茶数寄”往往又是茶器的专家。

这里又出现了“茶数寄”一词，也有人称之为“茶客”。总之，在15世纪至16世纪的史料中，常可见到称那些深深迷恋于风雅趣事的人士为“茶数寄”“歌数寄”“庭园数寄”等。但是，其中的“数寄”一词不久就成了专指茶汤的词语了。大永六年（1526），此年正值千利休诞辰之年，这个时期的佗茶也已由村田珠光的后继者村田宗珠开创了新的局面，连歌师宗长在探访了宗珠的茶之后，在自己的日记中这样写道："下京茶汤，近来被称为数寄，他们不时地在四叠半茶室、六叠茶室里施茶。"可见宗长把茶汤、下京茶汤特称为数寄。那么，"下京茶汤"究竟是什么样的茶汤呢？不妨再来看看宗长是如何描写宗珠的茶庭园情况的吧。宗长说：那里虽位于城市中央，却有一种身临山野中的"侘庭之美"的感觉。也就是说，"下京茶汤"即"侘茶"的源头。《正彻物语》中的"茶数寄"只是歌道、香道、人工庭园、唐代器物等各种各样数寄中的一种而已。七八十年以后，数寄就成了专指茶汤的词汇了，并且还成了茶汤中专指具有特殊意义的"侘茶"之茶汤。

那么，侘茶究竟是怎样成立的呢？千利休时代有一位来自西方的传教士竟意外地准确理解了这个问题，此人叫劳德列克斯(Rodriguei)，在他所著的《日本教会史》中这样描述道：

> 这些人(杰出的茶人)去掉了一些对他们来说是无关紧要的内容，同时新增了符合他们目的和意愿的内容。另外，还对东山殿(银阁寺)的古老式样进行了部分修改，这样使得茶汤的仪式变得完善起来，进而创造了流行于当今的"数寄茶汤"的另一种形式。

桃山时代[①]的侘茶对东山时期的茶进行了改革，由此开始流行一种被叫作"数寄"的新型茶汤。

人一旦坚定了数寄之道的信念，便会自然产生脱俗避世的人生观。鸭长明在《发心集》中这样讲道：

---

① 16世纪后半，丰臣秀吉掌握政权的约20年时间。秀吉权力中心在京都附近的伏见城，后来德川幕府下令废弃伏见城的军事属性，并在当地种植了很多桃树，学者们遂称丰臣秀吉时期为"桃山时代"。

> 所谓的数寄即指不爱与人交往，失落也不气馁，不管樱花的凋落，还是日月的升落，凡此种种，均不为其所迷惑，只求心纯而不染世俗之浊。

抛弃世俗，以风月为友，感人世之无常而出家避世，这正是数寄者的生存方式。

因为喜欢，所以不管怎样都要一如既往地潜心于此道。若有这种愿望，那么其他任何杂念都会让人腻烦，包括家庭、仕途、人际关系、世间毁誉等等。数寄者倡导的是抛弃一切人世间的种种碎语杂念，专心致志于此道。要想实现这意愿，或许唯独出家一条路。摆脱了浊世，裹上黑色袈裟，就不会受到世俗的干扰，只要接受到一些施舍，就可以不受拘束地生活下去。这就是数寄者的避世之术。

尽管如此，数寄与避世彼此之间还是有矛盾的，这在前面村田珠光《心之文》一节中已经讲到过，恕我于此赘言，这里讲的数寄是对某事的一种执着，而避世则是摆脱这种执着的一种途径，佛教不正是主张抛弃一切世俗尘埃，即世俗间的欲望和包括被有声有色的万物所牵系的一颗执着之心么？然而留下执着，甚或为了执着于歌道或茶道而脱俗，读之实在让人感到矛盾百出。

矛盾固然存在，但通过脱俗的行为制约其数寄之心也在情理之中。此数寄即上述讲到的对事物的执着之心，其结果就自然产生了一个极端的“怪癖性嗜好”的世界。日本南北朝时代的那些被称为“婆娑罗”的大名们沉溺于唐物以及收藏自东山御物以来的器物等，均为近乎于狂热般地追逐“物数寄”的结果。但是，缘于佛教的脱俗却不同于“物数寄”的行为，而是主张倾向于一物的“物数寄”思想。尽管如此，源于数寄的脱俗思想，在鸭长明时代比较盛行，人们对于脱俗者或者进入佛门者都报以崇敬之心情。虽是削发为僧，但日常生活并无多大的变化，他们深居远离人烟的山间草庵，其潇洒自在的生活反而受到京城人们的青睐。但到了15—16世纪，那些数寄者的脱世隐居式的生活并不是那么悠闲自得的。当时的同朋众已经成为数寄的脱俗者了，他们几乎没有宗教意识，脱俗仅仅是为了便于接近贵人而已。

封建社会对身份的规定极其严格，不同身份者是不能同席而坐的，当然也不能会面。但即使在身份等级如此森严的社会中，仍有例外，那就是披着袈裟的僧侣，因为僧侣可以超越身份。所以，不管是觐见主君还是将军，只要是出家之人，就可以自由进出。同朋众属身份低下的阶层，其中还有贱民之辈。当时从艺者的身份也是很低下的，于是，他们就以“时宗”①这一宗派的法名为称号，在自己名字中的一个字下面添上“阿弥陀佛”。加在“观”字后面即变成“观阿弥陀佛”，简称为“观阿弥”，同朋众中的“能阿弥”“相阿弥”“艺阿弥”等阿弥称号，虽然宗教色彩不浓，确实都是出自“时宗”的阿弥号。

16世纪时，“时宗”在艺道方面起到过作用，但随着该宗派的衰退和消失，取而代之的当属可称为艺术宗教的禅宗。人们纷纷以禅宗的居士法号取代阿弥。当时最充满活力的禅宗要数在野派的大德寺派系了。以茶数寄者为核心，那些有志于数寄之道的人们都开始心向大德寺派系的禅宗了，而且如果受其法讳②，就可得到作为大德寺系僧人谥号中的一个字“宗”或者“绍”，“宗名”③以

① 日本净土宗流派之一，本尊是阿弥陀如来。
② 出家人的法名。
③ 宗派名称。

及后来的“茶名”[①]均产生于此。

武野新五郎在茶界以绍鸥为号，津田助五郎以宗及，千与四郎则以宗易为号。只要带有“宗”或“绍”字样的均系由大德寺派系禅僧授与的法名。从中可以看到“数寄”之避世的与众不同的姿态。

不管当时堺的町众们多么执着于数寄，但他们毕竟不可能舍弃家业而躲避到山中去，仅仅是为了寻找茶汤的一时之乐而脱俗。所以，茶室与茶庭必须是尘世以外的“都市之山居”，若入此圣地，就必须先净手洁面以洗涤身心，仿佛拜谒山寺一样漫步于远离尘世的清净茶庭，并于躏口处脱鞋卸剑，宣告彻底切断与世俗世界相连的所有通道。茶人们互相之间不以世俗之名相称，因为这里清一色都是进入禅门的遁世者。茶室里也禁止谈论世俗社会的宗教、政治，以及对家人的抱怨、对别人的议论和钱财等等话题。在总共 4 小时的这么一段脱俗的时间里得到暂时的精神上的重生，然后又重新返回到世俗社会，这就是茶会的本意所在。

① 学茶得道的人可被授予“茶名”，早先是获得师傅名字中的一个字，自从村田宗珠获授师名“宗”字以后，就固定下来在其后再添自己师父名中一字，即均为以“宗”字打头的二字名称。

第四章

利休、堺、信长

一、利休登场

千利休于大永二年(1522)生于大阪南部堺的今市町(也有可能生于大永元年),后成为利休师父的武野绍鸥当时21岁。后来与利休同样担任织田信长、丰臣秀吉茶头[①]的今井宗久当时仅是比利休大2岁的幼儿,而津田宗及还未出生。宗及的生年不详,但其父亲宗达的出生年份是永正元年(1504),推算下来,那时仅19岁,估计应该尚未成为人父。今市町的利休故居遗迹今保留于堺市,刻有"椿之井"字样的水井也静卧于此。当然此井非昔日之井,已经过了反复的改修,只是井的位置与昔日相同罢了。当时的堺屡遭火灾,每烧一回,其残土堆积起来,有些地方的地面甚至要比原来高出2米以上,可想而知,井口的石栏自然不可能是昔日的模样了。庆长二十年(1615),适值大阪的夏季之役时,由大野道犬率领的大阪方面的军队在堺纵火,使全城陷于一片火海。这座宏伟壮丽的城市,自战国时代末期开始就凭借町众们的智慧无数次从战火中得以保全,可这一次却未能幸免,有2万民宅被烧毁,位于市中心的利休故居亦化为灰烬。

"利休"这个居士称号是后来被授予的。在这以前一般称他为与四郎。其父名叫与兵卫,生年不详,在利休19岁时去世。从后来千家后人提交给德川幕府的《千利休由绪书》中可知,千家以与兵卫之父,即利休的祖父田中千阿弥为第一代,其生于山城国,为

① 首席茶师。

东山慈照院足利义政的同朋众。千阿弥这一人名，时而出现在室町时代的记录中。然而，这些叫作千阿弥的是否就是田中千阿弥呢？对此无法确定。据查千阿弥如同百阿弥或万阿弥一样，常被当作人名用。家谱之类的是越古老越难以让人置信，其同朋众的身份也不知真假。田中千阿弥是为躲避已卷入战国末期战乱的京都而移居至堺的。据《由绪书》里说，其由于义政之子义尚辞世，故出家闲居于堺。综观堺城町众的身世，作为武士流浪到堺安居下来的有之，成为商贩的武野家和今井家的人亦有之。由此可以看到，有不少人在战乱之时纷纷流入到这座繁荣而自由的城市。

到了父辈与兵卫一代，就停用了田中之姓，只取千阿弥的“千”作为姓氏。千兵卫是一个商人，主要从事鱼类买卖。在《茶道四祖传书》的《利休传书》的序言中这样讲道：

> “利休店铺位于堺的今市町，是批发生物(生鲜食品)的纳屋……

这里的“纳屋”是指位于海边储存货物的仓库。当时人们称那些拥有仓库并经营仓储出租业务的富商为“纳屋众”。正如以纳屋名为自家屋号的今井家那样，堺的代表商家就是纳屋众，千家也在其中。问题是上述的《利休传书》中出现的“生物的”是否可释解为经营生鲜鱼类的批发商？另据利休临终遗言记道：

> “关于批发之事，和泉国某种程度，同佐野批发咸鱼座赁银百匁[1]也。”

① 金钱计量单位，为贯的千分之一，1 匁=3.75 克。

虽说是经营鱼市，但主要是批发咸鱼的商人。以往的说法是利休主要从事干鱼等的买卖，本来鲜鱼和咸鱼都属生鱼，而且特别记录说其在同属于和泉国的佐野所开之商号是批发咸鱼的，仅凭这一点就可以把千家看作是一家重要的鱼类批发商。

著名的开口神社的文书《念佛差帐》中，作为史料第一次出现了年轻时代的千利休，即千与四郎的名字(天文四年，1535)。

开口神社作为式内社[①]，历史悠久，同其他神社一样，到了中世纪，由于顺应神佛调和的潮流而并入大念佛寺中。这座念佛寺在战乱中不断地遭到破坏，但大小殿堂总算得以重建，并修复了外面的瓦顶围墙。其修建费用均来自当地民众，即堺市町众们每人捐出了一贯钱，虽人数众多，但还是把所有捐赠者的姓名记录下来了。另外，文书中记载了从大小路町到市小路、甲斐町、大道町、材木町、中浜、中町、今市町、小屋町、舳松町等十町之名。这应该不是堺市町名的全部。关于当时町的划分，虽有诸多不解之处，具体情况也无法把握，但这十个町是以大小路为中心，分列南北两侧的各中心街区，这一点是确定无疑的。这里面记有115人的名字，在“今市町”这一项中写有“与四郎殿[②]钱”字样，即年轻时候的利休。另外，在市小路一项中记有“纳屋”者五名。但未见有纳屋彦八郎，即后来的今井宗久之名。当时的宗久正寄宿于纳屋宗次家中，虽后来得志而成巨贾，当时却可谓年少无英名。此时的千与四郎也只有14岁而已。

为什么年仅14岁的少年却榜上有名呢？况且其父还健在。据千原弘臣氏《利休年谱》中推测，当时列入榜中的百余人均为少年，此推测不无道理。材木町的天王寺[③]家的名字特意写成了“新

① 《延喜式》内有记载的神社叫式内社，相反就叫式外社。式内社的地位要高一些。
② 对人的敬称，如，……大人，如，……老爷。
③ 津田家的屋号。

助五郎”,说明是新继承的名字(上代或师父名叫助五郎)。若是更代换名的助五郎,那么新助五郎应该就是津田宗及了。宗及比利休年少,故亦属少年之列。除此以外,还有不少像松满、久松、千代鹤之类看似小孩的名字,因此,事实上其中肯定有不少孩子。为什么尽是孩童之名,又为什么要故意把这些孩子的姓名与舳松町的武野绍鸥那样知名的大人物并行排列呢?其缘由至今不明。是否由于千家出了什么变故,把家业托付给14岁的与四郎,其父与兵卫已过上隐居生活了吗?这本《念佛差帐》的执笔时间为天文四年(1535),很少有人被记下了当时的正确年龄。另一处令人费解的是草部屋妙善(似乎是入道之名,故亦属大人之列)和绍鸥二人名字后都少了“殿”字。这里不用敬称是否要说明这二人为募捐的带头人还是有其他什么原因,有待以后的考证。

继14岁之后,与四郎第二次出现是在天文六年(1537)九月十三日《松屋会记》的记录当中:

十三日　赴京都与四郎处　即宗易之事　久政
大釜一只　天目　细口瓶插花　于仙鹤之端

关于此次茶会,多数人不赞同此举是出于年仅16岁的千与四郎。不管他是怎样的天才,16岁就出任亭主也未免太年轻了。而且,即便此事属实,地点也是有疑问的。因为以前无任何记载表明千家这段时期在京都拥有宅第,“宗易事也”也许是后人加注上去的,与四郎之姓名也是常见之名,在《念佛差帐》中就出现了包括千与四郎在内的4个与四郎。鉴于此,我认为,这可能是编辑者松屋久重在整理《松屋会记》时过度解读,把这个与四郎误当作千宗易了。虽然天文六年的茶会记是后人所添加,但是我并不赞同千原氏所说的天文年间的《松屋会记》均由后人添加这么一种观点。

据《南方录》记载，宗易在17岁时就开始修炼茶汤，最先师从北向道陈，后经道陈举荐，入了武野绍鸥之门，时年19岁。《南方录》是口头流传下来经后人编纂的书籍，不能原封不动地将其内容作为史实来看。《南方录》之写作意图非在于史，而在其他，本书不是评论《南方录》，这里就不作细评。但该书贯彻了一种鲜明的历史意识，那就是象征着足利义政将军的书院台子之茶和初创于村田珠光的草庵小座敷之茶[①]这两种茶汤风格，被千利休融合为一体，最终弘扬成为一种综合的新型茶汤，形成了“侘茶”思想。为此，继承了东山时代以来最为正统的书院台子之茶的北向道陈和继承了珠光的草庵之茶的武野绍鸥二人，被赋予了利休老师的地位。

《南方录》之说姑且不论，宗易自十多岁起就开始涉猎于茶汤的修炼应是确切的事实。其实在那前后，宗易对禅的修行也已开始，至于“宗易”这个法号究竟系何时，由何人赐予，至今未能确定。有的书上说是19岁(这一年大概是宗易之父一忠了专(法号)辞世之年，此说可能是将家业继承和法名联系了起来，但根据不足)，也有的书上说是二十三四岁。其中认为23岁以前的是根据《松屋会记》天文十三年(1544)二月二十七日的茶会记里记有“堺千宗易”之名，由此推测23岁的宗易已崭露头角，并于此前获得了法名。此外，考虑到《松屋会记》经后人整理编辑过，所以也许是后人在整理时，把与四郎之名改成了宗易，这种可能性确实存在。主张24岁的是因为表千家[②]不审庵所收藏的史料中的“佛祖正统宗派”一

---

① 四畳半(四张半榻榻米)以下的微型茶室叫“小座敷”，为利休首创，室内陈设自然、简朴。“小座敷茶”又称“草庵茶”。

② 千利休死后，其后人承其衣钵，出现了以“表千家”“里千家”“武者小路千家”(三千家)为代表的众多流派。表千家为利休之孙千宗旦第三子江岑千宗左的家系，其继承了京都祖屋和茶室“不审庵”。

轴，上面竖写着所谓佛祖以来的法脉系统，在其末尾颇有趣味地记有“大林宗套——笑岭宗诉——利休宗易天文十四佛生日受戒”的内容。从中可以明确地看到，天文十四年(利休 24 岁)四月八日受戒于笑岭和尚，并得到利休宗易的法名。值得关注的是为何同时授予他两个称号呢？倘若属实，那就有必要对宗易晚年，即天正十三年(1585)间，正亲町天皇授予其利休居士法号这一史实加以重新评估。对该史料抱有怀疑态度的人们认为，上述记录法脉的一轴并非出自笑岭之笔，认为其缺乏可信度。但我个人认为此法脉之轴并非赝品，正如我在下文中还要阐述到的，利休之法号是于天正十三年被授予的，但这个称号本身是否在此以前就已作为宗易的道号存在了呢？这里让我们暂且认作宗易号为 24 岁所得。

另据细川三齐氏所讲述的武野绍鸥与利休之间的故事，似乎与该法号有些什么关联。现代译文如下(《三齐公传书》《茶道四祖传书》所收录)：

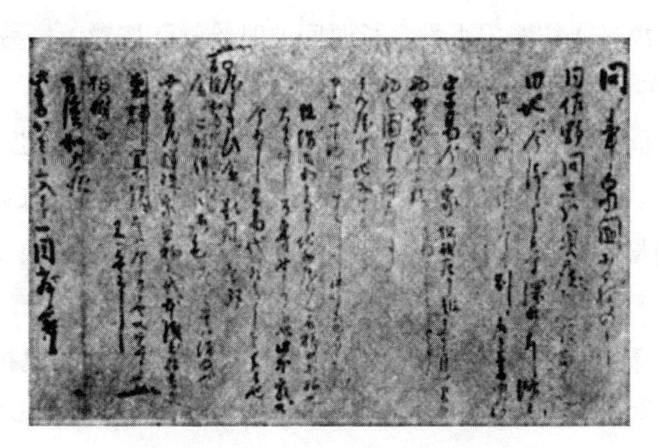

利休亲笔书与古溪宗陈的遗产处理信

利休一直想请绍鸥授茶，并特意做了套裙及肩衣以等待招见，却始终未能如愿。后来，绍鸥在堺城建造四畳半的茶室时，堺的南北庄主人们都满心欢喜地期待着自己能够应邀出席这一新茶室的落成仪式，谁知绍鸥谁也不邀，而偏偏只差人通知千与四郎（利休）一人，让他第二天前来，以茶恭候。但利休却告诉来者，感谢盛情之邀，明日不能前往，后天前往拜访。对此，绍鸥应诺："好，那就后天吧。"当天，利休差人连夜赶到京都，并让其取来褊缀[1]，第二天利休以法师装束出席了绍鸥的茶会。绍鸥见之连声叹道："好，好！"当时就授予利休"宗易"之法名。

细川三齐是有机会亲耳聆听利休讲话的人，所以这则故事具有相当的可信度，但是仍然难免有一种民间传说之感。年轻的利休在尚无法号的情况下，却十分热衷于裤裙肩衣以及武士装扮，为出席绍鸥的茶会而披褊缀、变僧容，进入本与佛教修行无甚瓜葛的草庵式小座敷的茶汤之门。在此我们可以试想一下，若从故事里去除这些带有讲经说法色彩的因素会如何呢？对此，我个人认为利休在离进入绍鸥门下没多长时间的时候就已被授予宗易之法号了，这在上述故事中亦可窥见一二。

人们对宗易 20 岁至 30 岁之间的茶评价甚高。弘治元年（1555），即武野绍鸥离世以前，宗易从绍鸥那里所学到的东西是无可估量的。单单围绕两人茶事的传闻逸事就不胜枚举。《南方录》等书中也有不少篇章叙及两人之间的关系，但关于两人一同出席茶会的记录仅存一处。据《今井宗久茶汤日记拔书》记载：天文二十四年（弘治元年，1555）四月一日晨，千宗易邀请绍鸥，举办了茶会。是年十月二十九日绍鸥离世，故此次赴会应是绍鸥晚年的最后一次。

---

[1] 一种僧服。

同四月朔日之晨　　　宗易茶会　　　绍鸥长老
道安
宗久
宗好

风炉置于小板之上　釜　云龙
床龛挂有牧溪自画赞、卷于净手间
橱上有香盒　　　布袋唐木　　　羽帚
金轮寺茶器、水指、高丽茶碗　　　面桶引切
（下略）

《今井宗久茶汤日记拔书》现存仅有一小部分抄录本，所记载的年代也很混乱。对该记录虽存有异议，但观其陈设布置，很像出自利休之手。如室中挂有唐物中的牧溪自画赞，茶具中使用了最具古典风格的金轮寺茶入，最引为注目的要数崭新的高丽茶碗了。虽说是招待师父的盛大茶会，利休的佗茶风格已悄然见于细微处。

到了永禄年间（1558—1570），宗易的茶会渐渐增多。这里引用《天王寺屋会记》永禄五年（1562）五月二十七日的宗易茶会：

同五月廿七日晨　　　宗易会　　达好
闲

小板上有吊物、五德盖置[1]
床龛　墨迹、笔五支、佛果廿五行在与
床龛　细口　量水器　长盆上　提桶
天目　无台　三色

---

① 盖置中的一种。

客人有三个，一位是堺城的大商人、天王寺屋的家主津田宗达，另两位是町之宗好和同为天王寺屋一族的津田宗闲。宗达正是《天王寺屋会记》的执笔者，宗好何许人也不得而知，但常与宗闲频频出现在茶会记中。津田宗闲同宗易关系很密切。床龛的挂件则是圜悟的墨迹（“佛果廿五行在与”）。圜悟就是前面谈到过的撰写了《碧严录》的宋朝禅僧圜悟克勤。“佛果廿五行在与”即指墨迹有25行，佛果是徽宗皇帝赐予圜悟的“佛果禅师”之称号。

如前所叙，圜悟墨迹是佗茶鼻祖村田珠光作为一种修行证明从一休禅师那里获得的，在茶汤界被奉为珍宝，所以特将该圜悟墨迹称为“开山墨迹”。利休从堺城的町众石津屋宗阳手里把这珍贵的墨迹买下来是在这次茶会之后的事，此墨迹在永禄十二年(1569)三月五日的茶会上才首次亮相。因此，这里的25行之圜悟墨迹看来并非开山墨迹。

就在举行此次茶会的4年后，即永禄九年(1566)，十一月二十八日，津田宗及出席的利休茶会上也挂出了圜悟的墨迹。因为是56行的，所以给人的印象是字很小。前述墨迹是25行，此件是56行，两者显然不相同。估计同样的圜悟墨迹利休有三件以上。在社会上仍十分盛行挂画的时代，利休就率先挂出了以禅僧的墨迹为主的挂物，可见其对与珠光有因缘的圜悟是一片痴心。

其次，来看看插花情形。

床龛中见有细口花瓶，里面盛满了水，并不是忘了插花，而是有意让其仅有水而无花，这也是利休的独具匠心之处。

水指为提桶。似乎当时流行提桶，通观利休在这前后举行的茶会，以及同月举行的松村道与的茶会、前几天所举行的盐屋宗悦的茶会上都见有提桶式的水指。或许和现在一样，提桶也都是漆器，如果是木胎，则应该会记录相关内容。由此可见，这类日常工艺品正在不断进入茶道世界。

从永禄年间到天正(1573—1592)初期的这一段时间里，利休的家庭关系十分复杂。当时利休的年龄约在40岁到50岁出头，一方面已逐渐确立了他在茶道方面的权威，另一方面有传闻说利休曾经潦倒，碰到不少困难。尽管有诸多不明之处，但有必要在此介绍一下利休的家庭情况。

利休有前妻和后妻，据传还有一位女性和利休有关系，并生有孩子，但无法考证。前妻的原名也无法证实，只知其法名和忌日，叫宝心妙树，卒于天正五年(1577)七月二十二日。因为在春屋宗园的语录《一默稿》里收录了其前妻头七(7月22日)做法事时的偈颂而得知。根据史料记载分析，前妻所生的儿子为利休的长子，名字叫道安，此人后来成了茶道世界里的出类拔萃者。除了道安以外，后来生的都是女儿，但她们都先后成了堺城有势力有影响人物的妻子，如石桥良叱、万代屋宗安、千绍二的妻子都是利休的女儿。可以说利休前妻的孩子们在堺都很有势力，但从现存仅有的资料来看，利休的前妻自己则纯属平凡女子。天正元年(1573)九月十五日古溪和尚作为大德寺第107代住持入山时，施主们为表庆贺而布施的捐献簿开头记有如下内容：

一百贯　　一贯七百六十　　四分
　　　　　但，八木百石　　宗易

宗易即为利休其人，当时作为古稀宗陈的大施主出现，尤为引人注目。我们不妨再来看看第六位出场人物。

二贯　　银子四十匁　宗易内仪

这位内仪（夫人）是否就是五年后去世的宝心妙树。倘若属实，这将成为记载宝心妙树的唯一史料了。

相比之下，记载后妻宗恩的史料颇多。当然这与宗恩前夫之子少庵在利休辞世以后重振千家，并使其世代相传之功有关。同时，史料之多也证明了宗恩对于晚年的利休是一位多么重要的女性。关于宗恩传说纷纭，比如，在茶书《敝扫记》中有这样一段话：

"利休妻女中，后有名宗恩者，原为乳守之游女（妓女），后为道三之妻，道三死后改嫁与利休……"

这里的是乳守，大概指的就是道守。写成"乳"字似乎集中反映了母乳不足的女性信仰。道守位于南宗寺和临江庵之间，旁边开有妓院，这里暂且不谈宗恩是否曾是游女，但乳守有妓女一事是事实。然而，在《敝帚记》里把宗恩说成是道三之妻的说法是错误的。

宗恩的第一个丈夫是能乐的宫王家族中的打小鼓的宫王三郎鉴氏（入道后称三入）而不是他的哥哥宫王大夫[①]道三。宫王大夫道三的演艺活动在天文十三年（1544）就结束了，所以很有可能在少庵出世的那一年，即天文十五年（1546）就去世或已患病在身。后来《天王寺屋会记》中天文十九年（1550）所记载的"宫大夫"并不是指道三，而是宫王三郎，在《四座演员目录》宫王三郎一项中记有：

"茶汤者少庵乃三郎之子也。三入之未亡人去往千利休处，今之宗旦本系三郎之孙也。"

① 大夫为高级艺人的一种称号。

少庵是宫王三郎的儿子，三入，即宫王三郎之寡妻后嫁与利休。目录编写时期活跃于世的宗旦乃是三入的孙子。

宫王三郎死于天文二十二年(1553)，这可从《一默稿》的记录中得知。后来又有人说三郎之妻曾一度投身到了三好实休处，这纯属猜测。宗恩的名字出现在同利休有关的文书中仅有一次，即天正十七年(1589)的春节，向大德寺聚光院捐献“永代七石定缴”之时。在捐赠信中记有利休的双亲和两个早逝的儿子，还有进行逆修(祈愿死后幸福的法事)的利休和宗恩的名字。让人不可思议的是上面为何没有出现卒于天正五年(1577)的宝心妙树的名字。非要解释的话，或许在她去世之前就同千家毫无关系了。

由于宗恩的年龄不详，所以只能进行推测了。假设天文十五年(1546)，她 20 岁生少庵的话，那么利休当时正好是 25 岁，两人相差 5 岁。上述捐赠信上所写两个早逝的儿子很有可能是利休与宗恩所生的，或者是天文二十二年(1553)，宫王三郎去世后不久，两人便结合了。所以上面提到的宗易内仪或许就是宗恩了。

如此推测的话，那么在有关利休的文史资料里，宗恩的名字应该出现得更早些。

从利休书信的内容来看，被称为“子持”的这一人物很值得关注。这个“子持”一直在利休的身边，并在料理家务方面起着重要的作用，或许就是宗恩其人。因为一般来说“子持”就是指生有孩子的妇女，是一个普通的名词。

翻阅一下《日本国语大辞典》(小学馆)，所谓“子持”就是：① 有孩子，怀有孩子。以及指妇女。做了母亲的妇女……；② 特指丈夫间接地称呼自己的妻子，孩子他娘之意。作为第二种用例一般出现在狂言本和假名草子之中，室町时代的御伽草子和绘卷中也有不少。按照第二种用例，是不是可以把利休的“子持”看作宗恩其人呢?

研究利休的专家历来都把“子持”这一人物认作是利休在堺城的代理官——善兵卫,叫子持善兵卫。但翻阅史料从未见有一处以“子持善兵卫”的全称出现过。就是说仅有“子持”或“善兵卫”,然而全名叫作子持善兵卫的代理官却没有被记录在册。杉本捷雄氏的《千利休及其周围》是迄今为止研究有关千利休家族详细传承的书籍之一,给我们很多启发,但书中也仅是略略提及如下:“记载了不少关于千家资料的《松屋日记》中也出现过这个名字”。但这个善兵卫却是个卖布的商人,因此估计是另外一个人。关于善兵卫的最确切史料出现在前述记有宗易内仪的史料中,即古溪和尚入山时的捐献册(天正元年)上,其末尾是这样记载的:

百文　银二匁　宗易代理官　善兵卫

这里清楚地表明了利休的代理官是善兵卫,但未曾出现“子持”这个姓氏。

究竟是谁第一个把善兵卫的姓说成子持的不清楚,也没有什么确凿的证据。桑田忠亲氏在《定本千利休书简》中指出“关于子持一事,有‘子持之文’等,曾推测其与利休关系密切,但是,这几年在堺市富屋町的风雅之士出口胜行氏的帮助下,判明是利休堺城宅第的下代(管家)”。出口胜行在世时,我曾拜见过一次,没想到他对于堺与茶汤之间的关系竟然知晓得如此之多,遗憾的是他已辞世,失去了重访的可能。由此看来,作为文献的原始史料并不能印证子持就是善兵卫,所以,不能排除子持和善兵卫是不同的两人的可能性。

桑田氏的《定本千利休书简》有 10 处提及子持。据桑田氏的推测，三月二十四日的书信（6号，以下的号码均为同一书信的号码）是天正初年的，可能是写给织田信长近臣的。文中说“蜡木两柱、冰糖一桶，由子持献上”。由家里人亲自送抵，子持作为利休的代理人对外起着重要的作用。八月二十五日的书信（14号）是写给古田织布的，当时称其为“左介”，这应该同样是天正初年的书信，信的内容是“子持事，重而承之，过分至极，少验之间，可御心易也”。应该是由于子持患病，织布经常去探望，利休对此发函致谢，同时告知已稍有恢复。两者对子持如此关怀备至，与其说是关心代理官，莫如说是关心利休的妻室更说得通。23号的书信内容是有人送给子持礼物时的感谢信，28号书信应该是写于利休在大德寺门前修建宅第时。信中说：“我等连歇息之地也没有。子持，我们应让其准备之”。这段话的意思是说，（宅邸）还是临时的建筑，所以赶紧让其修造了仅供利休和子持休息的地方。这也是一篇可以将子持理解为利休之妻的文献。该书信年代被推定为天正九年（1581）。

再看其他书信，子持在利休外出时负责看家，并且也经常往返于京都和堺之间（61号）；与利休一样，常常有人向其馈赠礼物（164号）；还见有利休将别人赠予自己的礼物欲先让子持享用等，从中可以窥见两人之间深情厚爱的关系（198号）。

另外，子持之名在利休遗产的分配信上也出现过。如“宗易，今之家，我去世后12个月内由子持掌管。”这份遗产分配信的内容是关于堺城的部分财产。这里的今之家也就是堺城的利休宅第了。照理说这些财产应由堺千家的道安及其姐妹，也就是利休前妻的孩子们（当时已是堺的大商人）来管理。然而，在此特别规定确保了子持一年的使用权。往返于京都和堺之间，并且替利休操持家业的后妻宗恩才是真正与子持其人身份相符合的。家事料理完毕后,她就住到儿子少庵或孙子宗旦居住的京都宅第去了。

迄今在研究利休书信中提及子持其人时,将其解释为宗恩并无任何障碍。只要在史料上没有发现全名叫作"子持善兵卫"的人物,子持就是宗恩的推测也就自然成立了。

利休与宗恩之间生有二子,但都夭折了。利休最小的女儿小亀与宗恩和前夫宫王三郎三入所生的少庵结为夫妻(有不同看法),并生下了宗旦。据说后来宗旦的孩子们分别成家立业,最后诞生了今天的"三千家"。若是这样,则少庵与小亀结婚大概是在天正初年,此时利休大概是在50至55岁之间。

二、堺与织田信长

堺城町众们的茶汤带有强烈的政治色彩和经济意识。反过来说,正因为这样,才更向往"佗茶"。所谓"都市中的山居",指的是金殿玉楼群中的茅草屋。

路易斯·阿尔美达是一位欧洲的传教士,他曾于永禄八年(1565)访问了堺城,在《浮罗伊势日本史》(松田毅一·川崎桃太译)一书中记录了他在堺城所亲身体验到的茶。传教士在离开堺城以前,参加了一个当地富豪为他举办的送别茶会。那天路易斯是上午9时去拜访的,门很狭小,客人们只能一个一个地慢慢通过,他穿过狭长的走廊后上了楼梯,然后进到内院,再走进房间。房间里设有床龛,前面放着风炉。风炉是"很少见的东西,像是用沥青一样的黑土做成的,而且极有光泽,似清亮的明镜",或许是土风炉吧。此外还有造型优美的釜和小巧精致的五德盖置,这五德盖置是主人颇为得意的一件茶具,"是日本最为昂贵的五德之一,非常有名，购买时花费了 1 030 荷兰盾。”按照主人的说法，其价值远远不止这么多。五德被放在用昂贵的“裂”[①]做成的袋子里，（和釜）一个一个地收藏在箱子里。

从这段记事中可以看出，当时茶汤发展已经达到了一个高度，即使是像盖置、火箸[②]这样的小道具都已有了名贵精品，受到人们的厚爱。

主人设宴时，敬茶之后将自己珍爱的茶器供客人欣赏一番，随后谈论起价格来。说是四五千的荷兰盾不足为奇，京城的霜台（松永久秀）持有的“九十九发”茶入竟值 2.5 万到 3 万荷兰盾，只要霜台有意出手，任何时候都有愿意出 1 万荷兰盾买下的大名。茶器的买卖一般不公开，而是在同持有者结交，加深理解的基础上方能请对方出让道具，也就是说有一种默契的程序。

堺的町众是生意人，他们是一些善于经营并深知金银价值的现实主义者。只有当自己的器具很有价值时，才会谈及价格。茶器在各种物品中大概是含金量最高的，含金量的高低是堺城町众最为重视的器具内涵，所以在茶会上往往自然地会谈及金额等。正如前面谈到的，在《山上宗二记》中有一段牡丹花肖柏的狂歌：

我之佛　邻之宝　姑爷岳丈　天下之战　人之善恶

此处的邻之宝云云就是说不要在茶会上谈论财产金钱等话题，肖柏曾居住于堺城，在他看来，似乎是适得其反，堺的町众一谈及现实的话题，就会不顾场合津津乐道地谈论开来，这首狂歌正是

① 一种面料。
② 夹炭火用的金属制筷子。

对他们的一种讽刺。而这些欧洲的传教士们，正因为他们本身一半是做买卖的商人，所以才会十分细心地记下这些细节部分。

翻开《天王寺屋会记》，里面几乎每天都有茶会记录。人们想出各种名堂举办各种各样的茶会，有以鉴赏茶道具为主的，也有以赏花为主的，等等。还有疑似作为町众聚会的茶会，没有记录茶具，却记录了人数和人名。或许在利休的茶会上没怎么出现珍奇之物，所以记录常被写成："茶汤，如往常一般。"

其中也曾经有过一次这样的茶会：

永禄九年(1566)十一月十五日绍有的茶会上，只见在嵌镶贝壳的天目台上放着黄天目茶碗，正在进行肃穆的点前时，却发生了一件意外的事。"宗端献茶时，冶金落地，茶泼殆尽，众大笑。"就是说他打翻了金属茶入(大概是把装药的容器当作茶入使用的)，把茶全部泼洒在榻榻米上，引起众人哄然大笑，真是一个粗枝大叶的烹茶人。

请看永禄十二年(1569)一项，这是反映战国动乱的一段。上一年，织田信长命令足利义昭进京，开始了平息战乱，统一天下的壮举。对于信长来说，那些盘踞在京城周围的武将乃是心头之患，尤其是三好一族。然而支持三好一族的就是堺的町众们(大家可以联想一下，利休之墓与三好长庆的墓是彼此为邻的)。所以信长认为先要扫平堺城，并赶走三好的同党，同时有必要把这座主要的商业城市占为己有。这样，信长向堺强征军费二万贯，并威胁说如拒捐，就立即发兵扫平堺城。

《天王寺屋会记》中是这样记载的：

"六日，足义利昭同三好三人众[1]在京都的桂川进行了交

① 三好长庆的三个家臣：三好长逸、岩成友通、三好政康的合称。

战，三好一方战败，撤离了堺，顿时整个堺城从十二日起处于一片混乱状态。由于从去年的十月前后开始备战，所以大街小巷到处深挖了护城河，并架起箭楼以防不测。可本该守卫堺的三好竟撤退逃走，一切努力都白费了。堺城的家家户户都把家中财产，甚至连妇女小孩都疏散到大阪和平野去避难了。”

然而，津田宗及他们却悠闲自得地品尝着茶汤。或许在战争传言流传的同时，人们也听说了同为堺城町众的今井宗久与织田信长和谈成功的消息，所以才会如此悠哉悠哉……

织田信长的军队终于开进了堺城。

织田信长原先是否是一个兴趣爱好广泛的人，对此人们的看法不同。从《信长公记》来看，我认为他是没有什么兴趣爱好的。《信长公记》里是这么说的：武田信玄向一个名叫天泽的僧人打听信长的日常生活情况，僧人回答说：信长平时只知舞枪弄棍，要说其他爱好么，只是会一些小歌舞之类的。舞也只会敦盛[①]一舞：“人生五十，与天地相比不过是梦幻一场”。说到小曲也只是喜欢一句：“人固有一死，但怎能像‘小草’一般，应该超越此等成见。”所以，根本谈不上有什么兴趣爱好。难怪信玄十分尴尬地说：“他喜欢与众不同的东西。”

谈起织田信长的茶汤，如前所叙，他先是接受了今井宗久的珍品松岛茶壶、绍鸥的茄子茶入和松永弹正的九十九发茶入。不知是不是这些进献的名器激发了织田信长的征服欲和收藏欲，他从永禄十二年(1569)起开始不断地收藏起名茶具来。如在《信长公记》中说道：

① 日本传统戏剧“能”的一种“幸若舞”中的名篇。

信长已不再满足于金银、钱米等物，而是对唐物、天下名器更感兴趣，规定须先选送京城。

大文字屋所持——初花

祐采访——藤茄子

法王寺——竹茶杓

池上如庆——芜梨

佐野——雁之画

江村——桃底

以上

令友闲、丹波五郎左卫门以金银、大米征集(收购)天下名品……

记载了京城大文字屋所持有的初花肩冲茶入等五件珍品(其中以竹茶杓最为珍贵，作者不详。可见在竹茶杓中已有天下闻名的珍品了)被征收。对于信长来说，金银和钱粮已没有什么吸引力了，而且正因如此，其认识到了唐物等天下珍品具有金银财宝所无法替代的特殊价值吧。

信长收集了京都的珍品以后，又开始在堺城搜寻珍品。第二年，即永禄十三年(元亀元年，1570)四月，《信长公记》中这样记载道：

另、天下名品均被藏于堺，道具之事。

天王寺屋宗及——果子之画

药师院(全宗)——小松岛

油屋常祐——柑子口

松永弹正(久秀)——钟之画

此等均以金银换之。

就这样，信长只要一有时机就热衷于天下奇品。然而，强制性征集，总是一件令人极不愉快的事情，所以，每次总要进行头面人物之间的协商。天正二年(1574)十二月二十日的《天王寺屋会记》中就记录了这样一桩事：

“同日午间，今井宗久一人，因松本茶碗被以朱印状征收一事前来协商。”

这一段讲的是信长要征集松本茶碗，面对该朱印状[①]，津田宗及和今井宗久进行了商量。在十二月二十七日的记录中讲到，平子弥传次亦作为客人应邀前往，其注记中有“菅屋玖右卫门尉作为使者前来征集松本茶碗”这一句，这就告诉人们，信长的使者平子弥传次是专为松本茶碗而来到堺的。松本茶碗曾经是松本珠报所持有。根据《山上宗二记》记载：“松本珠报十分欣赏葫芦茶入和茶碗”，应该指的就是这件松本茶碗。正因为如此知名，所以信长才发出朱印状进行征集。大概是根据当时松本茶碗的所有者住吉屋宗无的要求，宗及和宗久商量以后，请使者出席茶会，打算妥善处理此事，可见信长的收藏欲望此时依然很强烈。

信长的收藏珍品并不局限于茶器。例如天正九年(1581)，本能寺之变前不久，二月二十八日，信长欲集结军队进行检阅，让手下新做特别的装束，而且，其材料也要以贵重的织物制成。

“此次于京都、奈良、堺寻找珍贵唐织物时，命令所有人都把最好的装束拿出来看，结果发现了不少比起邻国毫无逊色的上等唐绫、唐锦、唐刺绣等，并任其欣赏和挑选。”

---

① 日本战国时代到江户时代的古文书史料中，盖上朱印的命令文书。

即使是织物，信长也要收集其珍贵名物。拆开御封，强行截取东大寺中被视为天下第一香木的兰奢待，也只不过是信长热衷于珍奇之品的又一个实例而已。

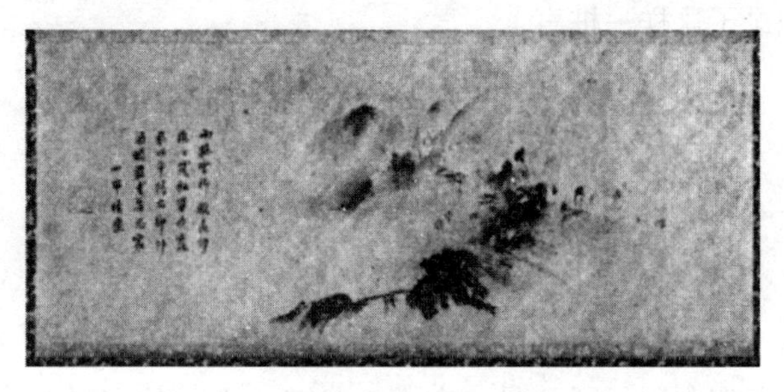

玉涧　山市晴岚(出光美术馆收藏)

就这样，信长热衷于搜罗天下名物的名声越传越远，而且不仅仅限于茶器。由于人们都知道他收藏珍品到如此痴心的地步，所以，作为战国大名之间互表信用的方式，经常敬献或下赐茶具，并渐渐成为重要交易中的货币替代物。例如，天正六年(1578)正月，在信长茶会上与松岛茶壶成对放置的三日月茶壶就是本愿寺和信长缔结和平时，由协调者三好笑岩献上的珍品。

信长和本愿寺的对峙，是信长统一全国进程中的重要问题。天正三年，本愿寺在长岛和越前的支持势力被信长打败，只得倾向于和谈。信长的使者是松井友闲。友闲携带信长的朱印状，作为全权大使前往交涉。陪同前往的是三好笑岩康长。他俩联名向本愿寺方面提出将来不能违反信长的和平条件方案，后来本愿寺接受了方案，而且由本愿寺向信长敬献了小玉涧(大概是玉涧的小挂轴之意)枯木、花卉等三幅挂轴。并且以“由三好笑岩献上天下珍品三日月茶壶”(《信长公记》)来表达双方今后无二心之意。这是十月二十一日的事。

7天以后，十月二十八日举办了珍品欣赏茶会，这些珍品都是信长新近征集来的。

十月二十八日，京都、堺召集数寄者 17 名，于妙觉寺举行茶会。

> 座敷之装饰
>
> 床龛中饰有晚钟、三日月茶壶
>
> 违棚上放着饰品，七台上有白天目。内为赤盒与九十九发
>
> 下侧放有包裹好之香盒　　多福御釜
>
> 松岛茶壶与茶
>
> 茶道由宗易进行，众人终生难忘，非常感谢。以上。

作为妙觉寺的茶会，本次茶会非常出名。与会者津田宗及和今井宗久都各自留下了当天的茶会记，最好合在一起看。当天挂于床龛的《烟寺晚钟图》是玉涧的画作，前面放着由三好笑岩敬献的三日月茶壶，最为引人注目。茶入是松永弹正敬献的“九十九发”，实际使用的茶碗是曲直濑道三所收藏的道三茶碗。主持茶道的是天下第一宗匠——千宗易，但好像信长也亲自进行了点前。《今井宗久茶汤日记拔书》中说道：“将军亲自点茶赐下”。也正因如此，“众人终生难忘”，感恩之极。（关于三日月的敬献时期，《信长公记》中有若干疑点，暂不涉及，在此仅举敬献茶具之一例）。

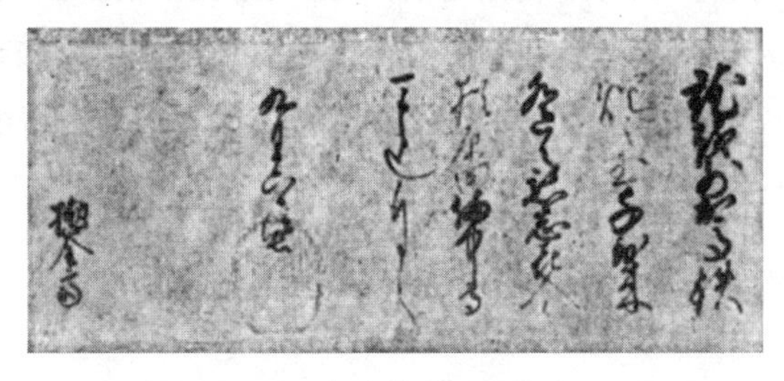

书与利休的信长将军的黑印信（表千家收藏）

千宗易和信长的会面究竟始于何时至今尚不清楚，但《今井宗久茶汤日记拔书》中所记永禄十三年(1570)四月一日之条却引人注目，其中记载了有关在堺城征集名品和宗易举荐的情形。

尽管该记录有不少页码错乱，纪年也不一定准确，但还是有必要引用一下。

> 同四月朔日
>
> 松井友闲叟闻信长欲观堺之所有名器，故今日于府中请信长一览，所出示之宗久道具中有松岛之壶、果子之画。翌日，宗易以淡茶点前敬献于信长，其后，信长赐与衣裳、银两若干。

松岛茶壶的敬献日期是在永禄十一年(1568)，这则记录中的年代有出入。宗易点完茶后，宗久将茶放到信长跟前，让其品尝，然后从信长手中接过各种物品，可见此次茶会似乎由宗易充当了茶头。自此之后，宗易经常在信长的茶会上担当点前之职，自然就处于茶头的地位。在天正元年(1573)十一月二十四日妙觉寺信长茶会上写有："宗易点茶，将军坐于客席品尝敬献之茶"。上面引用的天正三年茶会也是由宗易点前，由此可见，从永禄末期到天正初期的这么一个阶段，利休几乎成了信长的专职茶头了。

有一封由信长写给利休的信，那是天正三年信长出兵越前时，宗易将弹药送给信长后收到的感谢信。一代茶道宗匠和弹药扯上关系似乎颇有不协调之感，但宗易作为军事基地——堺的商人之一，给战斗中的武将运送弹药，却也合乎情理。信中内容是这样写的：

> 就越前出兵，铁炮之弹千发到来，欣喜获得远方关怀……

九月十六日　　信长(黑印)

抛筌斋[①]

虽没有确切的根据，传说利休花费了3 000石才得以成为信长的茶头。今井宗久、津田宗及也是如此。起初，宗久时而作为代理官，时而作为军火商出现在茶会记录之中，但他究竟何时成为茶头，至今无法考证。津田宗及也同样不清楚。

但是，作为对受邀于天正元年妙觉寺茶会的一种感谢，津田宗及到达美浓时，在信长面前也作过点前，那是天正二年(1574)二月三日的事了。大约又在2个月之后，即同年三月二十四日，在相国寺的大茶会上，宗易、宗久、宗及都被邀至一间特别的屋子，信长将秘藏的千岛香炉给三人观赏。这个月末，在奈良正仓院切开兰奢待(名贵香木)时，三人也分得了一些。可以认为，此时三人已经成为茶头，加上已在相国寺充当茶头的信长心腹之臣松井友闲和不住庵梅雪共五人，均为不离信长左右的茶头。这就是天正初年的情况。

已将近半数的天下名品占为己有的织田信长，在众多的武士、町众之中封五大茶人为茶头。当权倾天下的第一人驾临时必设茶汤这一仪式的话，那么茶汤已不再是数寄者悠闲于"都市中之山居"的一时娱乐，而是开始具有最为正式的武家仪礼的资格了。

也许正因如此，茶汤被称为了"茶汤御政道"。信长被杀后，丰臣秀吉在书简中写道，信长准许茶汤御政道，涉足于茶道世界，并说："今生来世永不忘怀"，为之喜悦无比。允许特定的家臣涉足茶道，表明了信长赋予茶汤以政治性权威，并且使政治更加庄严化。

---

① 利休之号。

三、谜一样的茶人长谷川宗仁

利休、宗及、宗久成了信长的茶头，这些町众之所以能直接围绕在信长周围，并且进入信长政治权力的内部，用的“武器”不就是茶汤吗？虽然他们的目的千差万别，但是，都同样想要以信长政权为阶梯向上爬，茶汤起到了将他们凝聚起来的作用。在町众当中，有的受命于信长参与了统管城市的工作；有的以代理官的官职为基础逐渐向武士方向发展；有的却想方设法维护商人的特权；也有的潜心于茶汤世界。总之，八仙过海，各显神通。在这个以茶汤这一町众的艺能为武器，并使其作为一种强有力的纽带来发挥作用的群体中，让我们来追寻一下长谷川宗仁这一人物的足迹吧。

关于长谷川宗仁，历来很少有人提及。但其实他与今井宗久一样，在信长进京后的城市政策方面表现得十分活跃，同时作为茶人也十分引人注目。《松屋会记》弘治三年(1557)四月二十二日条中有“致京城长谷川”之语。这是一则记载奈良的松屋久政赴京都参加名叫长谷川茶人之会的记事。此人是否就是宗仁不得而知，但可以说不是宗仁就是其同族之人。在京都有名望的町众、姓长谷川的茶人中，有一个叫长谷川宗味的。宗味这个名字被记载于元龟二年(1571)信长向京城町众放贷大米，并将利息用作禁宫御供时的町众名册之上：“下京四条行事，长谷川宗味”。此外，在《天王寺屋会记》天正八年(1580)十二月五日条中也记有“京城长谷川宗味、宗仁”作为津田宗及的客人出现。宗味、宗仁二人同为一族无疑。因此，可以这么说，长谷川一族从弘治年间(1555—1558)开始就已经成为有地位而又嗜好茶汤的京城町众了。

在信长进京后的第二年，长谷川开始出现在信长身边，即永禄十二年(1569),而且是与今井宗久同时出现的。正如永岛福太郎氏的论文《织田信长的但马经略和今井宗久》(《关西学院史学》五号所收录)已经明确指出的那样,从永禄十二年到元龟年间(1570—1573),信长的“但马经略[①]”,实际上已由图谋夺取石见银山[②]、但马养父郡的千种铁[③]的今井宗久负责。对于最大商业城市的有权势者,同时又是军火商的宗久来说,银和铁大概具有其他物质所无可替代的魅力吧。信长在永禄十二年闰五月六日给佐久间信盛的信函中,告诉足利义昭自己已随时做好出兵播但地区(兵库县播磨、但马一带)的准备。事实上同年八月信长即命秀吉等控制了但马(《织田信长文书之研究》)。

但马原来就处于毛利、尼子、赤松等大名势力的包围之中,而且政局不稳,守卫的力量本身薄弱,再加上守护大名山名韶凞没落以后移居堺城,所以今井宗久打算利用时机攻下但马。但今井宗久毕竟是一个商人,加之在但马又没有什么基础,于是就抬出豪族山名来做信长的工作。山名韶凞向信长献上了 1 000 贯礼金,于是信长便同意帮助山名韶凞重返但马。据今井宗久的信函中称,当时因一时无法筹措到如此巨款,暂且只上缴了 500 贯。这 500 贯也是宗久不得不答应韶凞的请求,从其他地方筹措得来的。那么,剩下的 500 贯又是如何处置的呢?这一点宗久在书信中有记录,看来其采取的是由宗久出资扶持傀儡大名山名韶凞,并控制但马实质性权益的战术。而宗久这一战术的协助人便是长谷川宗仁。在这五百贯的借款证明书上记有宗久和宗仁的名字。其原文为:

① 但马,今兵库县北部。“但马经略”指信长占领但马的计划。

② 石见银山位于日本岛根县大田市,是日本战国时代后期、江户时代前期日本最大的银矿山(现已闭山),据推算,其产量曾高达当时全球的三分之一左右。

③ 千种为地名,“千种铁”为当地生产的一种钢,在当时因品质优良而全国知名。

借用金子事

右之金子，但马国以四成利计算，以金子返进，若有相违之仪、仍以借状件为准

永禄十三年　今井入道　　宗久

正月五日　　长谷川入道　宗仁

从这些收录于《今井宗久书札留》的文书中，很难弄清几人之间的实际关系。但这借来献给信长的500贯礼金，后来似乎是按利息40%来还的，由此不难看出在但马隐藏着莫大的利益。总之，最后依靠这500贯的礼金，山名韶凞才得以在信长家臣坂井右近的陪同下重返家园。

山名韶凞进驻但马时，本应由今井宗久随行前往，但因其突然生病，只得暂由长谷川宗仁一人陪同前往。永禄十三年(1570)正月十日，宗久给宗仁的信中说："但州之事，辛苦之极，真是难为你了。"

前面在但马问题上或许有些过于赘言了，但由此可推论，亲信长派的京都町众长谷川宗仁和堺的町众今井宗久联手迎接新的天下之主信长进京，并且利用了信长的军事力量。另一方面，信长方面则利用町众联盟的独立流通渠道，向京都以西扩展势力，以确保控制在那里的矿山资源。可以想像在借款证书背后，宗久、宗仁也投入了财力。这股町众势力不仅被山名韶凞，也被信长等战国武将加以利用。作为回报让他们分别出任某城市或毗邻地区的代理官职，最终成为拥有特权的町众而主宰这些城市。他们既是代理官又是商人，他们虽无须亲自执刀，却成为了战国之一翼，发挥了相当大的作用。

具有代理官和商人双重身份的町众们此后的前途并不一样，

宗久和宗仁各自走上了不同的道路。如果说宗久始终是一个堺城商人的话,宗仁则走上了武士的道路。长谷川家跟随并伺候信长、秀吉、家康,最后成了一万石级别的大名。翻开《宽政重修诸家谱》中关于长谷川家的记述,宗仁在家族中被赋予相当于“中兴之祖”的地位。长谷川家原属藤原氏的秀乡一脉,以公澄为祖,第三十代便是宗仁。宗仁通称源三郎,官职品级为从五位下、刑部卿、法眼。具体是这样记述的:

> 侍奉织田右府,天正五年升至从五位下,然后被封为法眼,称刑部卿。在右府身边工作十年后,又侍奉丰臣太阁。庆长五年起开始在东照宫工作,后来奉命直接管辖政所(大阁室)的工作。卒于十一年二月九日,享年六十八岁。法名为深誉,葬于京师今出川的长德寺,此地为宗仁的开基之地。

宗仁卒于庆长十一年(1606),倒算一下,生于天文八年(1539)。宗仁开基的长德寺位于川端今出川下柳町,完整法名应是“长德院殿法眼深誉宗仁大居士”,见《京都名家坟墓录》。关于长谷川家宗仁的家境情况是这样的,其祖先居住于大和国,是奈良人,与前述长谷川一族均为京都有势力的商人这一点联系起来看的话,笔者稍感有些出入,觉得是不是到了宗仁这一代在京都才有了财势呢?还是《宽政重修诸家谱》的记载尚不可靠呢?宗仁之后是守知——正尚——守俊,成为在美浓或伊势地区拥有一万石的大名。正保三年(1646)守俊去世后,无嗣子继承家业,长谷川家族的正支就此没落。正尚的弟弟长谷川胜富分得父亲遗产三千多石,成为副将,这一支一直延续到幕府末期尚在,估计如今还有后代在世。

再来看看长谷川宗仁与其子孙的后来情况，就更难令人信服长谷川家是京都有势力的町众之一。町众中成为武士的人为数不少，就以与茶结下深缘的利休之师父武野绍鸥为例，他尽管是一代名门町众，但到了末裔也成了尾张藩的藩士。也许是出于武野家原是武家武田氏的末流之缘故而再次武士化的。长谷川家也有相似之处。从其家谱来看，远的不说，近的就有一个叫代代左卫门尉，称为刑部的人物。

另外，在元弘年中(1331—1334)，有些町众由于勾结北条高时而战死沙场。宗仁七代前的祖先是追随了足利义满，三代前的则是侍奉于足利义政，完全像是武士之系谱。这些先辈曾经作为武士的历史对于宗仁以后的长谷川家的武士化有没有起到过作用，没有证据，只能靠想象。我认为这些系谱是在长谷川家武士化以后才制作的，长谷川宗仁还是更符合京都的町众形象。

无论从前面提及的与长谷川宗味之间的关联，还是从宗仁曾获法眼称号角度，都可以将长谷川宗仁视作京都的町众人物。当时既有武士入道后接受法眼、法印之位的，也有以画家和医生的身份来接受该称号的。长谷川宗仁就是一位十分擅长于绘画的人。对此《天王寺屋会记》可以佐证。天正九年(1581)十一月三日的“其他会记”条目中，有堺舳松的小西立佐的茶会记录：

“同日夜间于宫法设御茶合……”

这里指在宫内法印，即于松井友闲之处举行的“茶合”仪式，用当时的话来说，就是“茶歌舞伎”，品饮不同类别的茶，最后猜出茶的名称的一种游戏。

法印将茶壶中之茶递于池田纪伊守，使其品饮森、上林二种茶后猜其茶铭……

松井友闲为了款待池田恒兴，把原先订购的宇治茶壶和茶拿来，让其品饮宇治名茶师森和上林的两种茶。“猜其茶铭”即指品尝以后各自把事先准备好的小牌投向自己认为对的茶铭（用纸折的铭牌），结果宗及猜中了茶铭。但是，那天引人注目的倒是床龛之饰，在此引用一下当时的装饰情景。

> 床龛中初次挂出了由长谷川宗仁画的挂轴，雪景图。此画，山中有二屋，还有洲崎海湾等，山上有积雪，画面上下为白金底金襕、大纹、中蓝色、淡色底、小纹、一文字上有重叠小纹。

床龛的小轴一幅，正是出自长谷川宗仁之手。画卷上绘有银装素裹的山水，山间小屋、洲崎、内港湾等等。天正九年，宗仁 43 岁，虽不是什么画坛耆宿，却也是正当年。其与茶结下深交，可算是文人町众。天正九年这一阶段的话或许说成是文人武将更为适宜。

宗仁与今井宗久所不同的是宗仁并没有以茶来侍奉信长。长谷川宗仁三次出现在《信长公记》中，其中两次均为接受敌人首级而出现的，读后不禁让人感到诧异。第一次是元龟三年（1572）八月，朝仓义景被信长消灭，在接受义景首级时，宗仁在场；第二次是天正十年（1582）三月，武田胜赖战败阵亡后，胜赖及其手下信胜、信丰、仁科盛信四人的首级，均“由长谷川宗仁接受送至京都，悬挂于狱门之上”，说明当时宗仁承担了接受首级的任务。

最后一次，天正六年（1578），正月元旦之条，记有长谷川宗仁唯一一次与信长以茶会面的内容。

元日晨，在安士城上，信长召集近臣用茶。《信长公记》所记的内容是这样的：

前朝之御茶赐与十二人。座敷、右胜手六畳布(敷)四尺席。

关于人数之事：

中将信忠卿、二位法印、林佐渡守、泷川左近、永冈兵部大辅、惟任日向守、荒木摄津守、长谷川与次、羽柴筑前、惟住五郎兵卫门、市桥九郎右卫、长谷川宗仁。

以上

关于装饰物情况：

床龛挂有一幅海岸之画，东有松岛，西有三日月、四方盒、万岁大海、水溅浪花、周光茶碗，围炉上吊有御釜，花器为圆筒，御茶道宫内法印。

以上

御茶毕后，又款待一番。三献酒上御杯拜领。御酌。矢部善七郎、大津传十郎、大塚又一、青山虎。

在比四畳半更为古朴的六畳茶室内招待12位客人，显得有些局促，所以连四尺宽的廊檐也被利用起来了。另外，釜用铁链从天花板上悬挂于左胜手[1]式茶室的火炉之上，这种现如今只有在由炉子更换为风炉的晚春时节才使用的吊釜情趣，在当时是不分季节普遍采用的。床龛里挂着信长引以为豪的玉涧所画《岸之图》，

① 茶道中，点茶时客席在东道主左侧位置的茶室布局。反之则为右胜手(本胜手)。

松岛、三日月两把茶壶并排摆着。万岁大海[1]茶入是置于四方盒内的。这大概是信长为了慰劳将士们多年来累积的战功、或犒劳近臣们的一片苦心吧。茶道是由宫内法印松井友闲主持的。

客人中有大名鼎鼎的明智光秀、羽柴秀吉、荒木村重。令人惊奇的是末席竟然是宗仁，看来他在那段时期地位明显上升了。正因如此，信长的这次茶会之后过了三年，即前述天正九年时的松井友闲茶会上，才有了那幅雪景图。若按以前宗仁的处境来看似乎是难以想像的。况且，茶头是松井友闲，宗仁是客人，主人是信长。友闲是信长的点茶人，从形式上看，宗仁地位略高于友闲。在很早以前，宗仁和松井友闲就关系密切。

宗仁作为客人多次出现在茶会上，《天王寺屋会记》天正三年(1575)四月十二日上是这样记载的：

> 同卯月十二日晨　　友闲　　宗仁
> 长板上有蒲团釜　　信乐水指　　二只
> 小(“长”被擦去改成了“小”字)
> 床龛中有舟子图挂轴、橱架上有天目台、空隙时打开纸窗门
> 菜肴摆设　　鲜鲙　　中碗里有白鸟之汁
> 煮鲍鱼　　鱼糕一板
> 田乐　　菓子　　高座盘中有菱角、油炸物

小板(或许长板)上放有风炉，其上搁着蒲团釜，一侧放有信乐水指二只。床龛上挂有天王寺屋引以为豪的舟子(船夫)图。所谓

---

① 一般口宽、腹大而扁圆的茶入常被命名为大海。

榻架，据其他记载说是一种葭架[1]。天目茶碗为灰被天目。茶会举行到一半时打开障子（纸窗门），可能是从走廊走到外边。怀石料理为白鸟之汁，是最高级的款待。醋拌生鱼丝用的是河豚，煮物为鲍鱼。烤菜是田乐（酱烤串豆腐或鱼片）和鱼糕。点心大概是菱角等。值得一提的是，本次茶会的正客为松井友闲，宗仁为次客。

接着四月二十五日的茶会也一样，客人的顺序依次是松井友闲、长谷川宗仁、富田清兵卫。

> "同四月廿五日晚　　友闲　宗仁　富田兵卫
> 风炉、蒲团、信乐水指二只
> 无花之花瓶"

不管怎样，天正三年时，在堺的行政官厅里，宗仁的地位要低于松井友闲。但是到了天正六年，宗仁的地位已上升到由友闲点茶，而他却处于客人饮茶的位置上了。要是能了解长谷川宗仁自己举办的茶会就可以知道得更清楚了。但现有资料中却没有留下具体描述他主办的茶会的史料。唯的一条记录见于《天王寺屋会记》元龟二年（1571）三月五日条：

> "同三月五日 长谷川宗仁会"

仅有一行，关于茶具和客人的记录都没有。根据该史料，宗仁两字的读法不是 sozin，而是 sonin，这在以后的史料中也能得到证实。有关宗仁的茶具，茶会上没有记录，但留传至今的有长谷川肩

① 一种杉木橱架。

冲这件珍品。《大正名器鉴》对其外观有如下的描写：

> 口小肩削，罐体高高，中间绕有一条粗线条。口沿处有修补痕迹，中间线条下方处有一如虫蛀般小孔。整体为紫釉色，表面呈现黑釉斑点。黑釉特别浓厚，其间隐约可见紫釉，犹如下雪景色一般，格外优美。罐下摆部呈灰色调，高低不一，条纹纤细，其中有数处似夹杂有小石粒，其形状、釉色、气质最是相宜，恰似生驹肩冲，这不同于其他口小甑高的容器，显得很稳健而有气派。实乃气势雄大之茶入。

在前几年的大师会上我曾亲眼见过。确实为一件气宇非凡的茶入。这只长谷川肩冲在《雪间草》中与铠鞘、平野、大濒户一起被称为天下四大濑户茶入。末宗广氏在《茶道资料集成》里是这样引用的：长谷川宗仁所持的茶器，后被甲良丰后用 250 枚金币买下，不久又转到中岛宗古手中，以后又从宗古处归于若狭酒井忠禄之手，后传至酒井家。

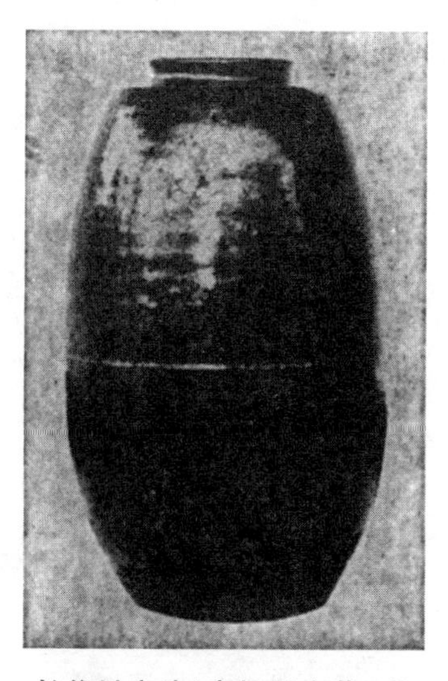

长谷川肩冲（高桥帚庵著《大正名器鉴》宝云舍国立国会图书馆收藏）

无法知晓宗仁是否是一位优秀的武将。但是，其后来发展到成为拥有一万多石的大名，并且能持续在秀吉、家康政权之下生存，我想茶汤还是在其中发挥了很大作用的。

在丰臣秀吉当政时，宗仁经常扮演一些特殊的角色，如在秀吉的征服马尼拉计划之中。秀吉原来就有远征菲律宾的想法，同马尼拉方面有着长期贸易往来经验的原田喜右卫门就向秀吉进言，若能先征服防御薄弱的马尼拉就能很快将菲律宾控制在手。这个原田和秀吉的中间协调人就是长谷川宗仁。秀吉立即令其拟定表明强硬态度的信函，并派原田一族的孙七郎为特使送往马尼拉的伊斯巴尼亚政府，信函中说：

> ……其地之人未表服从，故为消灭其国，予决意派军队前往。每年为商业贸易而往返于该国之原田孙七郎 Farauda Magnoxichiro 向宠臣长谷川宗仁要求日本即刻派船前往……(《长崎市史》通交贸易篇西欧诸国部)。

秀吉亲口称宗仁为宠臣，在这里宗仁的读音是“sonin”。但目前还未调查清楚，宗仁在秀吉手下究竟是干什么的。这里引用一下秀吉晚年最后一次在醍醐赏花的记录内容，以此结束对长谷川宗仁的探讨。

庆长三年(1598)春，年迈的秀吉兴致勃勃地于醍醐边赏花，并令左右大名使出绝招以竞风雅，秀吉则从中欣赏欢乐了一番。

> “……九尺四方之地，极有品位，茅草屋顶之辻堂[①]已建好，荷茶屋[②]有茶具。此仅为口渴者而设，殿下(秀吉)经常来往此地，长谷川宗仁为之介绍善操木偶之名人，其使尽各种手

① 路旁的小佛堂。
② 挑着茶釜、茶器卖茶的摊档。

段，竞相展示身手以慰问客人。”（《太阁记》）

内容是，摆出荷茶屋，令人以为此仅为供茶之地，实际上却使用前面的过堂让秀吉观看了木偶剧。这里亦能窥见宗仁与茶的关联，然而让秀吉开心的并不是茶，而是木偶剧。

此时，千宗易利休已剖腹自尽，松井友闲也于此前失宠，今井宗久、津田宗及早已不在人世。这样，在信长时代兴盛一时的“町众茶头”的茶汤也终于落下了帷幕。

第五章

天下第一茶人

一、禁里和北野

利休是织田信长的茶头，其地位有时却比享有“羽柴筑前守”之名的秀吉还要高。如在书信中把秀吉叫作十吉郎殿(写给平野勘兵卫)，有时干脆以省去敬称的“筑州”称之(写给涂师屋绍甫)，这些足以证明作为织田信长心腹的千利休的势力范围。况且，在以师徒相称的茶汤世界里，秀吉心目中对利休也是高看一眼的。

桑田忠亲氏认为上述书信是利休亲笔写的，在其著作中收录的《利休书简》里有秀吉和利休联合署名的信件，因无照片为证，故无法确定。信件称赞了由武将木下助兵卫所持有的井户茶碗和釜，先出现“抛筌斋宗易”的署名和书印，接下来是“秀吉”。内容为一个姓桑原的人从木下那里得两件茶器后，请利休鉴定，此事已征得秀吉的认可。正文中记有“秀吉大驾光临祝贺”，或许秀吉是作为署名者，故以简称称呼。但信中多少能窥见两者似乎处于同等的地位(从文书的格式上看，信件末尾的秀吉为上位)。

到了天正十年(1582)六月，两者的关系发生了逆转。当时秀吉扣押了前来通报本能寺政变的敌方使者后，马上电光石火般平息了备中高松的战事，尔后又火速返回京都。作为战国武将的秀吉，其敏锐的洞察力在这场战役中得到了最好的体现。扫平明智光秀军以后，即刻命令利休于激战之地天王山脚下的山崎之地建一座茶室。大概这就是甫任秀吉茶头的利休首次承担的工作。茶室的整个建设跨越了两个年头，于天正十一年(1583)年初竣工。其间留有叹息长时间逗留山崎的信函(写给未吉勘兵卫)。一般认为现在(京都)妙喜庵的待庵就是以这个茶室作为原型移建过去的。

利休对于成为新统帅的秀吉来说,是一个不可或缺的人物。其理由之一就是,茶汤是对于显示天下第一人的权威不可缺少的一种文化。秀吉收藏名器名物的热情比信长有过之而无不及,他还多次举办了展示茶器具的"大茶汤会"。为此就更需要利休的辅佐了。

禁里茶会——就是利休辅佐秀吉而举行的一次盛大的茶会。

秀吉并非豪门出身,因此,对阶位十分执着。或者说,正因为其并非出身于被阶位观念所束缚、对"超越阶位"连想都不敢想的旧统治阶级,才会认为人只要有实力,阶位最终会属于自己的。他先是学习信长,称自己为平氏,后来为了官位,认为藤原氏好,就称自己为藤原氏,不久又重新改姓,希望得到丰臣的赐姓,另一方面又图谋"关白"[①]之位。天正十三年(1585)七月,终于达成夙愿,就任关白。同年十月七日的"禁里茶会",就是他为了谢恩而举行的一次大茶会。

丰臣秀吉画像

翻阅一下直接参与该茶会的吉田兼好的日记《兼见卿记》,就可知道秀吉是以满腔热情投身到本次茶会中去的。一般认为此次茶会是对同年七月十一日秀吉获"关白"之职表示感谢的仪式。然而,我们发现在茶会举行的前三天,秀吉外出视察会场时指示道:

① 平安时代以后设置的辅佐天皇的最高官职。当天皇年幼时称为摄政,天皇成年后改称关白。天皇无实权。

“七日于小御所举行茶汤之会，要将所有名物器具都拿出来，好让主上欣赏，此事缘于去年冬天。”

观其内容，茶会是在前一年冬天就开始筹划的。茶会上使用的建水及柄杓等均为用金子新制的，并且其他所有的器具也都是新制成的。所以，本次茶会不是秀吉七日就任“关白”的产物，而是花了整整一年时间准备的。但为何要在一年前就安排本次茶会呢？可能是由于在天正十二年(1584)冬季，十一月十一日与织田信雄达成协议后，与刚在“小牧·长久手之战”中声望达到顶点的德川家康之间的对立得以化解，秀吉为排除了眼前之一大忧患而产生了一种安心感。

从《兼见卿记》的天正十三年记事中可以看出秀吉对茶汤怀有无限的迷恋。同年三月八日在大德寺总见院举行了先于“北野大茶汤”的大茶会，这是一次“希世之盛会”：“上京、下京、大坂、和泉堺、会茶汤者均可自由摆出，即便在寺院中也可设置茶室，举行茶汤之会”。茶会上秀吉当然也拿出了自己所藏的茶器。然而对于举行禁里茶会，秀吉的干劲判若两人。如前所叙，他为此而亲自视察了作为茶会举办地的皇宫小御所，在这之前还煞有介事地让前田玄以和利休前往检查，并于前一日亲自带领内升殿的十余人一同前去觐见天皇，再次确定明日赴会事宜。关于本次茶会的详情，在《兼见卿记》里是这样记载的：

七日甲辰，天晴。早早出京、直赴上乘院，梳整衣冠，入宫。摄政关白、门迹(皇家寺院的住持)等悉数参加。巳刻(上午10时)殿下(秀吉)入宫，即刻迎至平常御所伺候。相随者有伏见殿、龙山近卫入道殿、菊亭三位大人。举行了一献酒之仪式(中略)驾至小御所。三位大人同前，有御茶之仪式，殿下

> 行茶道也。御前七人也。（中略），随后于一旁之御座敷内行御茶之仪式。理休（利休）居士行茶道、台子御茶汤也。第一由一条殿取茶也。七人抽签，第一为一条殿，次之为清华之众，其下各有数人。关白发话道：一服终无尽头，已是黄昏时辰。初花、新田二壶之茶，各向釜中摆放。松花（南）、四拾石（北）并列，其上罩网，直接置于茶室内。观之再三，过分之仪也。其言称欲进献御前之器具，惟挂轴二幅及花生、茶入（茄子）无须进献，砧青瓷茶壶及其他则悉数敬献……

从这则记录的内容来看，禁里茶会是分两个阶段进行的。第一阶段由秀吉亲自在小御所向天皇献茶；第二阶段由利休于旁边的茶室举行台子之茶。

当天上午 10 时左右，秀吉抵达皇宫，见过正亲町天皇后，天皇来到小御所，秀吉在“菊见”之室向天皇献了茶。这天的茶会记是由利休亲自记录的，所以情况一目了然。该茶会记现收藏于不审庵，题为“禁里样御菊见之间”。上坛之室为东朝向的三张榻榻米大的房间，这里正是正亲町天皇和亲王及小皇子的就座之处。这本茶会记里虽盖有利休的花押，但其实是后世的手抄本，因为其中以“正亲町院”的谥号来称呼当时在位的正亲町天皇。须知在天皇驾崩以前是绝对不会以谥号称谓的。次一等的下坛则坐着近卫龙山、伏见院、菊亭等人。

秀吉献茶时使用了新的茶器。如枣茶入及釜都是刻有菊花徽章的新作。要说名物器具的话，仅有类似茄子、虚堂的墨迹（生岛虚堂）及青枫之画等这些。名物器具之所以少，是因为这是向天皇献茶的仪式，不管多么出名的器物，如果曾经有过污点什么的，就不能用来献茶给代表神的主上。为保证献予神的器具绝对洁净，必须使用一次性器具，如没有上过漆的方木盘或没有上过釉的陶器等。

提起名器物，只是用于装饰，但在离秀吉的点茶之座不远的边上另外设立了茶室，并由利休来负责。床龛挂有玉涧的远寺晚钟图，在前面的曾吕利花入中有一朵大白菊花。台子装饰是这样的：上柜放着绍鸥茄子；另一只台子上放着赫赫有名的肩冲茶入新田和初花；一侧的榻榻米上放着四十石和松花茶壶。这边将秀吉所收藏的名物尽饰于一堂，与秀吉那一边达到了一种平衡。

有趣的是，利休似乎是甚感荣幸。他把秀吉茶席的会记内容书于一页之上，寄予自己的禅宗师父春屋宗园，这就是如前所叙的《禁里样御菊见之间》一文。另外，他还将自己于一旁的茶席之饰也书于一页之上，寄予了另一位师父古溪宗陈。后者一般很少有人知道，但在不审庵中的确存有两页纸的抄本。

利休为什么要分别把当天的茶会记向春屋宗园和古溪宗陈汇报呢。是否出于两人都居住于堺的缘故呢？据《园鉴国师行状》讲，天正十一年(1583)春屋居住于堺城南宗寺，13年的动向虽不明，但仍居于南宗寺的可能性极大。另据《行状》上讲，天正十三年(1585)三月，堺城海会寺重建时，古溪宗陈被迎为该寺的住持，所以他当时也在堺。于是不得不让人又想起茶会之前利休寄出的九月二十九日的书信。信中说：

关于“御书”以及“居士之仪”，承蒙厚爱，理应以蒙恩之会待之……若能继续承蒙两位赐教，我定不负厚望，尽力追求佛界之真谛，唯有对此次暂借一日之名而实感不安，好在即将赐下……

因于今夜之中赴京有事，故匆匆于此搁笔，关于本次茶会之趣味，日后定请光临赐教为盼，失敬，失敬。

九月二十九日　宗易(花押)

“√阿首座　抛筌　宗易”

这里提及的两人应该就是春屋和古溪。利休为选号之事而有求于二人，结果如愿以偿。而且他准备茶会结束后即刻回堺面告，这才有了刚才提及的两封茶会记的报告。若是这样，宗易信的开头提到的“御书以及居士之仪”的内容就迎刃而解了。正如大家所知晓的，在古溪的《蒲庵稿》(《茶汤研究和资料》第五期翻印)中记录有为庆贺利休居士的敕赐而写了贺词之事。出自古溪亲笔题词的“贺颂”，原件今收藏于不审庵内(表千家)。原件比《蒲庵稿》中的颂词少了“饥来吃饭遇茶茶”一句，但引人注意的是在末尾部分多了“乙酉(天正十三年)菊月日 古溪叟”的字样。也就是古溪贺颂利休居士是在菊花之月(九月)间写的，即在十月七日的茶会以前。若这一推测成立的话，利休信中的“御书及居士之仪”很可能就是指古溪的颂词了。

这禁里茶会，对于利休来讲应该是难以忘怀的日子。这一天他被赐封了“利休居士”之号。桑田忠亲氏曾断言道，此日利休才得到这个居士号，故而以“利休”署名的书信均应为这天以后所写，这以前是不该出现的。这同以往的主张大同小异。但也有说法对此提出了疑问，说是在这以前就曾出现过“利休”的称谓。其史料之一就是上一章中考证“宗易”之号时提及的《佛祖正统宗派》，这是一部从释迦开始，记述禅宗法系之书。最后在笑岭宗䜣下面写有“利休宗易天文十四佛生日受戒”的内容。由此得知，利休是在天文十四年(1545)四月八日得到“利休”的道号，并接受“宗易”之法讳的。或许这件史料并非天文十四年间的材料，而是由后人写成的卷轴,但在证实利休号来自道号这一点上具有很高的参考价值。

另有一篇史料:笑岭宗诉曾应千道安之求写文解释利休号的由来,该文章提到,利休号为宗易禅人的雅称,由大林和尚所赐(对此也有其他说法)。大林宗套卒于永禄十一年(1568),利休之号自然应该在此之前。第三个史料证明是在正木美术馆收藏的利休画像中有“利休宗易禅人幻容”的来自古溪宗陈的赞美词语。时间为天正十一年(1583)仲秋下浣(阴历八月下旬),即举行禁里茶会的两年前,古溪就记载了“利休”二字。从这些史料可以判断,利休在禁里茶会以前,就拥有“利休”这个道号。那就可以这么认为,“利休”这个号应该是重新作为居士号被敕赐了。将道号升格为居士号这一主意,从上述考证来看,应该出自春屋和古溪两人。

那么,为什么一定要“利休”这个号呢?关于这个问题似乎还有点不解之处。为参拜主君,显然需要以“法体”[1]出现。一旦身裹黑衣就不讲世俗间的贵贱或地位了,这个世界里不论对方是卑贱还是高贵,完全可以与之自由地交往,秽洁之分也荡然无存。鉴于此,那些参见高贵者的医生、茶头、连歌师、同朋众等等一般都必须以法体出场,并以法号称呼。利休也不例外,因为俗人之身是不允许登上御所殿的,所以要变成法体。

但是,利休实际上已拥有了宗易的法讳,同时又是一个受了戒的居士,若单考虑是参加禁里茶会,其称谓是绰绰有余的。那么为何又要重新授予他居士之号呢?虽说理由不详,但此举为破格之厚遇确属事实。只能说,正因为利休是举世公认的天下宗匠,所以他受到了破格的待遇。

---

① 僧人之身,与俗体相对。

作为天下茶头的利休，在禁里茶会以后，紧跟着又辅佐秀吉举办了最大的一次活动——北野大茶会[天正十五年(1587)]。这个天正十五年对秀吉来讲到底具有什么意义呢？其实，这一年丰臣秀吉已基本完成统一天下的大业。虽说继承了织田信长的事业，成为天下第一人，但却经过了和德川家康、柴田胜家等的恶斗苦战，因此总有一种终无宁日之感。况且，在西南和东北方面还存有不服于秀吉的大名，即西南的岛津氏、东面小田原的北条和东北的伊达氏。生产力低下的东北帮势力暂且不管，秀吉更多把眼光投向了与国外频繁进行贸易往来、经济发达的西南地区，尤其是盘踞于鹿儿岛的岛津一派势力，若不能征服的话，那么就很难达到真正意义上的天下统一。所以，在禁里茶会以后，秀吉的最大政治目标就是平定九州。

天正十五年春，秀吉亲自督军，命令众将领进攻九州。五月份岛津终于臣服，至此统治全国的基础已形成，其实就是统一天下了。六月份秀吉回到博多，短暂享受茶汤。其中有这么一次茶会，六月十九日晨，博多的富商神屋宗湛和岛井宗室二人受邀于秀吉的茶会。据说那天天刚蒙蒙亮，两人就进入了茶庭。当他俩刚走到茶室门前，就见秀吉打开纸拉门，大声唤道："进来吆！"两人进到茶室，顿觉室中昏暗，能见度极低，好不容易摸索着慢慢地入了席。过不一会儿，秀吉出来说道："喝杯茶吧"，并亲自用鴫之肩冲给他们点了茶。对于宗湛、宗室来说，这可是一种特别的礼遇了。

秀吉为什么要如此款待他俩呢？那是因为，此时在秀吉胸中已燃起进攻朝鲜半岛的野心，这样，其军事基地非九州的博多莫属了。所以，秀吉考虑首先必须要把这两个掌握着博多财势的富商控制在自己手中。

当时，利休也随秀吉来到了博多。利休也以茶款待了两位。

利休本想回京后，即刻投入到北野大茶汤的准备工作中去。但他万万没想到，秀吉重视博多的方针会威胁到自身的存在。

七月十四日秀吉凯旋，回到大阪。七月二十八日北野大茶会的牌子树了起来。这次茶会的内容十分令人惊讶。这破天荒的茶会有《北野大茶汤记》（内阁文库收藏）等很多记录。在此通过收藏于京都民艺馆的记录来叙述当时的情景。该史料编纂于距北野大茶会五十年以后，是记录北野大茶会的最好史料。先引用其原文：

北野大茶汤记

七月二十八日

于京都贴出告示

定御茶汤事宜

—— 决定自十月朔日至十日之间，视天气情形，于北野之森林举行大茶汤会，届时将展出御名物，以供执着于数寄者一饱眼福。

—— 凡热心于茶汤者，无论其为少年武士，抑或普通町人、农夫人等，皆可以一釜、一吊桶、一饮品与会，若无茶，炒粉糊亦无妨，参与者多多益善。

—— 于北野松原铺设榻榻米二张即可充作茶席。家贫者纵无榻榻米，携凉席或草席之类亦可。位置可随意选择。

—— 日本之仪，故日本举国上下参会乃理所当然，即便唐国之人，只需有数寄之心者均欢迎惠顾，无礼宾之序。

—— 因虑及远道而来者，告示期限延至十月朔日。

—— 行此大茶汤会，其意在扶助贫困茶人，故凡未与会者，日后纵使以炒粉糊而行茶事亦不予许可，且他人不可擅自前往拜访未赴茶会者。

—— 到场之茶人，无论何种身份，包括自远方而来者，均可获大人(秀吉)亲自点前之茶。

以上

(第二页纸上)

—— 太阁(秀吉)点前之饰

—— 朝山

—— 御茶壶　四十石

—— 同　紫菓

—— 肩冲　面白

—— 同　新田

—— 御釜　乙御前

—— 天王寺屋宗及

—— 古朴御绘

—— 御壶　红瞿麦

—— 肩冲　初花

—— 御釜　姥口

—— 利休

—— 雁之图

—— 御壶拾子

—— 奈良柴　肩冲

—— 责纽

—— 纳屋宗久

—— 半人挂轴

—— 御壶　松花

—— 鹬　肩冲

—— 新釜　炉灶上

以上

如上文介绍，以抽签的方式，分别由五人点茶。一号签为太阁(秀吉)处；二号签为利休处，三号签为宗及处；四号签为宗久处。

(第三页纸上)

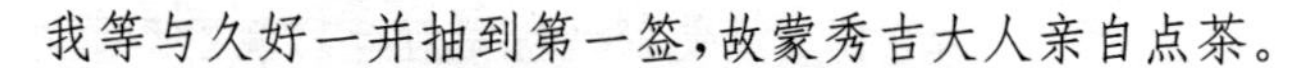

我等与久好一并抽到第一签，故蒙秀吉大人亲自点茶。

—— 唯一为太阁（秀吉）点茶者系来自美浓国，名一化，太阁览遍茶屋，并与之一同用茶。

—— 守门者系加藤虎之助，为肥后守也。

—— 茶屋陈设简朴，各薄席二张也。

—— 各人于桶内洗手。

—— 东道主着浅葱色布夹衣。

—— 我等茶屋设在石牌坊一侧，除二张草席外尚备有四尺左右之屏风，壁柜内陈设有挂轴、肩冲。

—— 近卫龙山父子、家康、一门、大纳言随同太阁接受献茶，诸大名及庶人难以统计

—— 因挂轴频频被挂起及卷起而易损，故隆专、利休、道叱、道设四人设法于床龛前挂起用纸做成的垂帘，并为欣赏者掀帘。

接下去逐条解释。

“在北野的森林中，从十月一日起的十天间，视天气情况举行大茶会。会上将展出秀吉所持的所有名贵器物，以让数寄者们饱一下眼福。”

此段为全文的开场白，值得注意的是其中预先告知了要视天气情况而定。最先预定会期 10 天，实际上仅举办了十月一日这一天的茶会，对此一般有些误解。一般认为是当天突然更改会期，才一天就中止了该茶会。其实不然，缩短到一天是在上一个月就决定了的。

告示的第二条是这样的：

“只要是爱好茶汤者，不论是年轻武士、町人[①]还是普通老百姓，任何人都可持釜、用吊桶充当的水指及饮料参加。若没有茶叶，亦可以炒粉糊代替。”

所谓炒粉糊，当时的用法是将米或麦烤焦，然后将其投注到热水中，即可变得如同现在的大麦茶一样。那时除了抹茶以外，还有质量欠佳的煎茶，现在人们饮用的焙茶可能也属于炒粉糊之类。这种氛围正符合“下克上”时代，即有一种超越身份的大度之感。接下去看第三条：

“茶座敷设于北野神社境内的松原，各处摆放榻榻米二张。不过，用不起榻榻米的穷人可以用凉席，草席之类也没有关系。除日本以外，同时也欢迎来自中国的茶数寄者（茶道爱好者）。场所的分配也不受其到场先后顺序的制约。”

不问身份及贫富，也不管国籍，就从这两点来看，确实符合秀吉高傲自负、雄视天下的风格。为了使布告的宗旨能够贯彻到远方的客人那里，将茶会的开始之日延后至大约 2 个月以后的十月一日。然后接着说：“这般立牌告示无非是出于对贫穷茶人的怜悯之意。若这次不参加者，以后即使是以炒粉糊之类的形式也不许行茶汤之事；且禁止其他人前往拜访未参加茶会的茶人”。这充分反映出一个专制君主的独断。文中关于不参加茶会者日后禁止进行点茶之类行为的命令，实际收效究竟有多大值得怀疑，但从历史角度来看，此语颇为耐人寻味。对于“下克上”的时代，其原则是以

① 商人、手艺人、城镇居民。

实力的大小为前提的，就是说小小老百姓也可成为天下之人。只要拥有一只茶釜，即可成为茶界名人。若“下克上”一直继续下去的话，秀吉本人的天下人之宝座也总有一天会被别人夺走（事实上被家康夺走了）。因此其一旦成为天下人之后，就会想方设法阻止“下克上”。此时秀吉便下令，武士就是武士，百姓就是百姓，不能随意改变其身份，这就是所谓的“兵农分离令”。若将其运用于茶之汤，那么告示牌上的语句就是最好的写照。有没有做茶人的资格由大茶会来确认，不参加茶会的茶人就不承认其茶人身份，不许随便点茶。对这般蛮横无理的命令，即使是秀吉本人恐亦无法恪守。但从另一角度猜测秀吉之意图，却不难看出，秀吉想从情感上抑制来自茶汤世界里的“下克上”，并宣告即使在茶汤世界里也只有我（秀吉）才能成为天下之人。告示最后以预告当天由秀吉点茶结束：“到场之茶人，无论何种身份，均可获秀吉亲自点茶。”

这样，茶会的准备工作拉开了帷幕。与会者中有硬被拉来、脸上露出无奈表情的公卿，有得到利休指示而惴惴不安的堺市众人，也有因拥有大量的参加者而显得沾沾自喜的奈良人。有趣的是京都的参加者显得稀少。按理说京都的町众应该踊跃参加，但从在全国召集参加者这么一个规模来看，举行北野大茶汤的一个不可告人的目的或许就是秀吉对于京都本身的一种示威，这将是今后研究的一个课题。

刚刚引用的史料中直接介绍了秀吉等四人的点茶之饰，其实在这之前应该还有在北野神社拜殿展示道具的有关记录。十月一日，北野神社的拜殿被分割成了三个部分，中央放着秀吉十分引以为豪的黄金茶室（金座敷）。这个黄金茶室为组装式，以方便移动，好大力宣传秀吉的权势。因为是移动的黄金茶室，所以既可挪到禁里向天皇献茶，又可放在街市中向町众展示，甚至可以搬到九州的名护屋，好让明朝使节大吃一惊，即可用于各种各样的目的。在这次北野大茶汤会上秀吉就将其置于正中，好让人一睹其雄姿。黄金茶室里排列着金属器具，悬挂着虚堂的墨迹。两侧各设一茶室，右侧悬挂着玉涧的《清枫图》，左侧则挂有玉涧的《潇湘八景》之《远寺晚钟》，正前方摆放着名贵的花入，如松本茄子或似茄子等秀吉所持有的最高级名品。以上提及的三室如同当今美术馆的展示厅一般，制作与实物一样大的茶室，将名品饰于其中供人参观。参观完毕后便开始抽签，分成一至四号，即由秀吉、利休、宗及、宗久分别点茶。各组点茶用的器具，就是在史料中提及的秀吉所持有的众多名器物。再看史料的第三页上记有“我（即记录者奈良町众松屋久政）等及儿子久好也抽到了一号签”，松屋久政、久好父子俩幸运地品尝到了秀吉点的茶。

普通茶座有 800 席左右，它们一家挨着一家，星罗棋布于松原上。虽说不到像长屋[①]那样的程度，也着实让人感到道路两边密密麻麻的茶室、茶棚宛如长龙一般，别有一番情趣。获评最具情趣、秀吉唯一品过茶的茶席属于一位来自美浓的名叫一化的佗茶人。据说其以松叶团团围住茶室，焚烧落叶来烹制茶汤。这野外式的点茶也可能是在其他地方举行的。其茶室约两张榻榻米大小，备有四尺床那样的屏风，上面挂着不少饰物。另外，在奈良的松屋的床龛中挂有被称为“松屋三名物”之一的徐熙的《白鹭图》。如此名画若是被频繁挂起、卷起的话，太可惜了，后经利休和松江隆专等商量，在床龛前面用纸做了与其同宽的垂帘，只为让那些不听劝告执意要看的数寄者掀帘以供观赏。

再看看那天各个茶席主人的服装，好似主人发给仆从的工作

① 狭长的房屋，为京都古建筑的一大特色。

服一般。而“亭主身着浅葱色夹衣”这一句里面的浅葱色工作服则有些像歌舞伎舞台上的服饰。

当天守门者为加藤虎之助(清正),乃为趣事一桩。当时其尚未成为肥后守,记载上所说的“肥后守殿事也”为后代所记。其他诸如近卫龙山(前久)、信尹和德川家康、一乘院门迹、大纳言等等都尾随秀吉环游茶室,好一派热闹景象,这大概是传闻。没听说当天德川家康在京都,可能是哪里搞错了。

茶会圆满结束。翌日茶室纷纷被拆除。这虽是一次前所未闻的茶界盛事,然而曾经的室町时代将军宣布举办不问参加者身份、贫富及地区的茶会,一方面追随了北野猿乐的传统,另一方面也向世人宣告茶汤这一新型文化应当成为天下人的艺道,“北野大茶汤”的举办可谓意义深远。

二、茶器具与举止礼仪

千利休自办的茶会以及以茶头身份为人点前的茶会共计不到170次。这些茶会记至今还保留着。其中在《利休百会记》中就记有大约96次茶会,而且利休利用秀吉的道具为人点前的约有10次左右,除此之外剩下的只有63次。而《南方录》的会记则是以《利休百会记》为基础的,编辑、修改比较多,所以,不予计入为妥。

那么,千利休的茶会究竟有何特征呢?让我们来看看利休这60余次茶会的内容以及《利休百会记》的记录吧。

倘若有人怀疑天文六年(1537)与四郎的茶会就是利休茶会的初露头角,那么,在《松屋会记》中天文十三年(1544)二月二十七日所举办的利休茶会,可以说是距今最早的。当时利休年仅23岁。

廿七日

堺千宗易　右二人

钓物一、手水间、床龛中有四方盘还有善幸香炉，装于袋中。

板吊桶、珠光茶碗（下略）

麸　　汤（豆腐嫩笋）　　　菜肴海蜇

乌兔　饭　菓子（薄茫 栗）等三种

这里的“右二人”是称名寺的方丈惠遵房和记录者松国久政。内容为二人参加了利休在堺举行的茶会。本次茶会很鲜明地折射出利休是如何维护茶传统的，最为典型的是起用了珠光茶碗。这倒不是出于来客中有人是村田珠光曾经栖身过的称名寺的僧侣的缘故，而恰恰是因为利休早期的茶会上用得最多的就数它了。至少在这次以后的六次茶会中，除了使用过一次高丽茶碗，其他五次都使用了珠光茶碗。至今还不清楚这珠光茶碗究竟是什么样的一种碗？或许是一种称为“珠光青磁”的下等器物。但不管怎么说，重要的是利休在自办的茶会中融和了村田珠光的茶的传统。

从《茶道四祖传说》的如下记载中可以看出利休对珠光的崇敬。

“从古至今，若无珠光，则无数寄者。利休之前，称珠光名人实属难解。然，宗易一出，珠光乃名声大震。”

此话出自利休的弟子古田织部之口。是否就是利休的主张，尚难以证实。但正是利休确立了村田珠光的侘茶之祖地位。然而在利休时代，珠光的行迹多半已经不那么清楚，利休

利休收藏的木制钓瓶盛水器
（里千家收藏）

对正逐渐被人们遗忘的珠光给予了高度的评价。在织部看来，正因为有了利休，珠光才得以名声大震，若非如此，珠光的伟大之处是难以让人理解的，同时世间对珠光作为佗茶鼻祖的评价也会产生异议。可见利休竭力推崇珠光的主张在他23岁的茶会记中已经有所记载。

与珠光并驾齐驱的另一位茶人代表武野绍鸥造就了利休茶会的另一传统。茶会上摆设的板木桶应该就是白木钓瓶水指，把这种毛坯的道具带进茶会的就是利休的师父武野绍鸥。是珠光使得茶道从以唐物为中心的时代向“和唐”并用的“佗”趣味方向发展，而武野绍鸥则一举将一个“原生之美”的世界带入茶室。在《长暗堂记》中有这么一段话：

“钓瓶水指，面桶建水，青竹盖置，绍鸥某次出浴后，于浴堂行数寄之时，初生此创意。”

这里讲的是绍鸥刻意从澡堂的道具中挖掘茶汤的新意。另外，在《南方录》中还记载着，绍鸥最初把茶室墙壁制作成自然的泥土墙，这样能让人领略到一种原生的素材之美。利休又把绍鸥的这一“枯瘦之美”的审美倾向进一步深化，并堂而皇之地把那些白木棚柜和竹子花入等发展成为茶道具。

井户茶碗有乐(东京国立博物馆收藏)

黑乐　秃(表千家收藏)

“钓瓶四季用之。尤适用于初次开封、晨茶会。”

这是《南方录》将其具体化的一个写照。上文所讲绍鸥浴毕之茶,使用了适宜于夏季之茶的白木钓瓶水指。利休认为把钓瓶用于茶人最重视的新茶茶会的茶壶开封仪式上是最好不过了。利休就是通过这些茶会道具来宣染村田珠光和武野绍鸥的传统茶汤,才得以确立起佗茶的基础。

再来举个反映利休之茶特色的茶会记例子,即永禄十二年(1569)的茶会记录,是利休四十岁时的茶会(《天王寺屋会记》)。

同三月五日晨　　千宗易　　道叱 、道巴、宗及
风炉小板、姥口平釜、手桶
床龛挂有开山墨迹　高丽茶碗

使用高丽茶碗并非始于利休,但其甚喜用之。在三年前的一次茶会上,利休曾在点浓茶时使用了建盏,而点淡茶时使用了高丽

茶碗。后者是一种低一个档次的使用方法，但是，利休却有意抬举高丽茶碗的地位。在天正十年(1582)之前，处于壮年期的利休经常使用唐物和高丽茶碗的组合。到了晚年，高丽茶碗与和唐物的组合成为主流(林屋晴三《利休的茶具》,《茶道聚锦》收录)。这反映了佗茶的深化。

大幅改变茶碗发展趋势的是在天正八年(1580)出现的外沿茶碗、天正十四年(1586)开始出现的宗易型茶碗或黑茶碗，以及天正十五年(1587)烧制的茶碗。把这些统称为"乐窑茶碗"似乎有些勉强，但一般认为外沿茶碗与"勾当"赤乐茶碗①一样，碗口边沿处略微外翻。可以说，被确认为活跃于天正初年(1573)的陶瓦工长次郎和千利休合作制成的乐窑茶碗，天正八年(1580)左右才开始用于茶会。

另外，天正十四年(1586)出现的黑茶碗是否可以解释为濑户黑"小原木"那样的茶碗，或者为黑乐，目前还有分歧。但是，考虑到利休喜欢黑茶碗，而丰臣秀吉则相反，讨厌黑茶碗，那么，这则记事也可理解为是利休的一种强烈的自我宣传。天正十八年(1590)九月十日的利休茶会上有如下记载：

> "书院中(中略)有台子式茶汤，(中略)上面临时放有黑茶碗(中略)。茶毕，又自内取出濑户茶碗代替台子上的黑茶碗。以黑茶碗点前，大人嫌之，故以此代之"(宗湛日记)。

神屋宗湛受邀参加利休的茶会时，发现是台子茶，天板上放着黑茶碗。宗湛用它喝了一回茶，后来利休却改用了另一只茶碗(这

① 传世的长次郎烧制的乐窑茶碗中最早的一件，其铭文为"勾当"。

件是濑户茶碗，所以前面的黑茶碗非濑户茶碗）。后经利休解释，说是丰臣秀吉不喜欢用黑茶碗点茶，所以才这样做的。若黑茶碗不是濑户茶碗的话，那么自然就是黑乐茶碗了。以利休亲自指导的碗型（宗易型）为基础，第一次由个体匠人专为茶汤而烧制的就是乐长次郎茶碗，这种茶碗后来又由赤乐进一步发展为黑乐，形成了独特的技法和形态。虽然丰臣秀吉嫌弃这种茶碗，但对利休来讲，不失为一种"自我之茶"的坚定主张。

天正十四年（1586），罕见地以铭文命名的"木守"赤乐茶碗，在茶会上出现了一次，而在《利休百会记》中，有30次以上的茶会都使用了木守茶碗。其他则多用黑茶碗。近来，堀内宗完氏发表推论认为，在《利休百会记》中出现的"长旅茶碗"系将"长次郎"误写为了"长旅"，实为乐长次郎茶碗。若是这样，那么，利休茶会的半数以上使用乐窑茶碗的可能性极大。

在永禄十二年（1569）的茶会记里值得引起注意的另外一件事就是床龛上的开山墨迹。如前所叙，这开山墨迹就是村田珠光从一休和尚那里得到的作为一种修行证明的圜悟墨迹，后来利休花了千贯巨款将其购入。除此以外，利休还有几幅圜悟的墨迹（有25行的、50行的，在茶会记中曾出现过不同的圜悟墨迹）。由此可见，在利休初期的茶会上几乎都挂圜悟的墨迹。其他只在永禄十三年（1570）挂过一次大德寺开山的大灯国师的墨迹，从中不难看出，利休十分仰慕中国僧侣的墨迹。

后来，在选用墨迹方面也渐渐发生了变化，尤为值得一提的是天正十年（本能寺政变的那一年），开始使用了古溪宗陈的三幅墨迹。有关这方面的茶会记是《今井宗久茶汤日记拔书》。其中讲道：在茶汤的挂轴中，利休第一次把在世的僧侣文字给挂了出来。这则记录就史料而言，虽不能说没有问题，但倘若为真，却证明了利休对于古溪和尚的一种崇敬之情。茶禅结合，充满热诚地将在世的禅师墨迹当作名物，于当时的利休来说，是将禅活用于自己茶汤事业中的一个例证。不拘泥于原有的名物观念，大胆自由地使用他人墨迹，这完全符合利休的风格。即使史料的可信度有些问题，但能够证明利休晚年开辟的这种新道路，该茶会记毕竟还是十分珍贵的史料。

由利休开创的这种重视墨迹之举，后来由织田有乐、小堀远州作为一种茶汤的法式而确立下来。而且，他们将自己的禅师春屋宗园的笔迹置于茶会的中心地位，其渊源岂不是也出自利休对于墨迹的新的使用方式吗？

《利休百会记》中可以更清楚地看到利休晚年的爱好。如前面茶会记中关于挂轴的记载仅是六分之一，但是，《利休百会记》中却有三分之一是涉及墨迹的。其中尤为突出的是关于了庵清欲的有15次，其次是古溪宗陈的12次（其中2次是有关砚的记载）。古溪宗陈的墨迹在利休的壮年时期常被悄悄使用，并被无所忌惮地作为了利休茶会的主要内容。

那么，利休的“侘”究竟表现在茶会的什么地方呢？不妨回顾一下前面提到的利休青年时期，即天文十三年(1544)的茶会记吧。请注意茶会上的菜肴种类和内容，关于利休的“怀石料理”待后叙述，那上面仅记载了一汁三菜的菜单内容。永禄二年(1559)四月二十三日的茶会上，虽出现了两种不同的菜肴，但仍是一汁三菜。而在同年的《松屋会记》中，我们可以发现，除利休以外的其他人，如平野和奈良茶人的茶会记录，几乎都记有后段。比如，两天以后的四月二十五日，在平野藤左卫门茶会的点心记录后面，即饮茶之后，记有“后段、切麦、水纤、混和”，第2个月的二十一日在小西町长顺的茶会上记有“中段、鲇寿司、文蛤，后段、烤鲑鱼、汤类……”。

尽管当时一般的茶会均设后段，但利休的茶会却很少出现这种情况。

所谓后段就是指诸如面类、鮨（寿司）或是汤类的垫饥点心，即茶会结束后换座席举行酒宴。而利休是否定茶会后段的。《南方录》中，在谈及有关浇水清洁时，提到利休明确地禁止了后段。所谓露地（茶庭）的浇水是指茶会临近结束以前要进行第三次浇水，对于这一做法，津田宗及曾提出质疑：好像故意要驱赶客人似的。对此，利休认为与其令客回，莫如请客自然归。为此，他这样讲述道：

> “总而言之，侘之茶汤，由始至终，一般不可超过二个时辰，若超过，则晨茶会须行至中午，午茶会则须至夜。况于此等‘侘小座敷’内，以平常举止或游兴款待来虚度时辰乃大为不妥。淡茶仪式结束时理应浇水清洁，而侘茶亭主尚需考虑仅上浓茶，抑或上淡茶……”

茶会不允许超过两个时辰（4 个小时），本节即为有名的茶会教诲之说。为什么不能超过 4 个小时呢？那是因为参加晨茶会的客人和招待他们的主人都有可能要参加午茶会。就是说，4 个小时以内不结束的话，势必会影响下一次茶会。同样，午茶会若超过 4 个小时，就会影响到夜茶会。真正的理由并非是影响下一次茶会，而是利休要求侘茶的茶会必须严格区别于一般的宴会。茶会是基于日本人传统的“寄合”而得以发展起来的，所以设酒宴也很自然。但是以平常举止或游兴款待的方式就不妥了。侘茶主人不仅可以点浓茶，而且还可以淡茶款待，那还有必要准备酒宴吗？若要准备酒宴，那么本来十分严肃的茶会气氛就会荡然无存，其“侘”

也只会落入游兴的俗套。所以，利休否定了茶会后段的酒宴，而只进行怀石料理和点茶的初座、后座，这样 4 个小时是足足有余的。

利休茶会思想的一个显著的特点就在于消除茶会的游乐性，就是说利休的茶会尽量限制了茶会传统中的游玩这一要素。那么，利休追求的到底是什么样的茶会呢？这从堀口舍己氏所介绍的天正十六年(1588)九月四日的茶会中可以窥见一二。当日，利休在聚乐第前的宅第中举行了一次茶会。这聚乐第即为两年前刚落成的丰臣秀吉的城堡。这一天，秀吉赶赴大阪，不在家。利休就在这里举行了一次别开生面的茶会。要知道若被发现，这简直是激怒秀吉的一次大逆不道的茶会。被邀的客人中有春屋宗园、玉甫绍琮、古溪宗陈三位大德寺禅僧，第四位，也就是末客为三井寺的本觉和尚。关于这组客人中的古溪宗陈有记载说："太阁御前设恶敷，故被遣送至西国之地"。原来是由于古溪激怒了秀吉，所以被流放至西国，这是一次送别的茶会。利休在床龛的挂画上倾注了极大的心力。其间挂有以"生岛虚堂"之号而闻名的虚堂智愚的墨迹。其七言绝句描述的是在初冬的清晨送别即将踏上旅途的高僧。无论是季节还是内容，再也没有其他东西比用这个挂轴来送别古溪和尚更妙了。然而这墨迹并非利休收藏之物，而是丰臣秀吉的，因为正好需要重新裱褙，所以暂且寄放于利休处。当然，这一切是不能让秀吉知道的。但是就在秀吉的眼皮底下，还动用了他的茶道具，而且是为一个被他下令流放的罪人举行茶会，利休的大胆实在令人惊叹。借用堀口舍己氏的话来说："这是一次惊心动魄的茶会。"正是这种大胆，使得利休极好地上演了一幕非日常性的，且让人感到十分紧张的瞬间之茶会。利休肯定不会经常举行这样的茶会，但本次茶会中，其追求的无疑是一种严肃而又紧张的气氛，并且在这种气氛的感染下产生出一种新颖的精神交流。

茶会的紧张气氛是无法表现在广阔的、开放性的空间当中的，因此礼仪感强的大型台子之茶并不是利休的理想之茶。《南方录》中这样说道：

“茶汤虽以台子之茶为本，然，心之所向却为草庵之小座敷。”

就是说书院台子式茶为茶汤之本，但茶汤之精神的高扬及升华却是体现在草庵小座敷的佗茶之中。这在送别古溪和尚的茶会记中也有类似说法：

“昔时之事为台子茶汤之仪，而今世则不入数寄，利休居士最为嫌恶之……”

这天的茶会中，以台子和台天目点茶非出于利休的本意，而是迫于无奈才为之，因为一来被邀之客为禅僧，二来挂画都是些十分有名之物。利休向来把四叠半以下茶室的平点茶[①]视作茶汤的理想。

妙喜庵的二叠敷茶室即为利休小茶室的典型。《江岑夏书》中说道：

“四叠半客坐二人、一叠半客坐三人，利休云。”

利休说在更小的茶室，即一叠台目[②]之席上容纳三人为好。

① 茶道的基本点茶方式。
② 茶室用的榻榻米。

这里一畳台目也好，二畳也好，因考虑主人使用的点茶席位需要台目或者要有一畳左右的地方，这样客人的空间只剩了一畳，所以如果坐三个客人的话就会给人一种相当拥挤的印象。仅为饮茶倒无妨，但毕竟要在这狭小的空间里前后坐上近4个小时，还要共进怀石料理，着实有一种相当程度的紧张之感。同时主人要在那不到一米，而且又是在众目睽睽的空间里进行点前，可想而知，那紧张的氛围何等之浓烈。

作为茶汤主法的点前法式，在利休这里已基本确立。由于主人的点前必须在客人面前完成，所以，其点前的精练之程度不言而喻。就在送别古溪和尚的茶会记中，当时的记录者(可能就是本觉和尚)对利休点前的细节作了详尽的描述。

> “关于利休点前，从柜子上取下小型四方托盘，置于席面三目左右处，前面空出三寸五分左右，并以目视知大概。
>
> 下部鼓鼓的茶入置于白底之金线织花锦囊中，将锦囊置于托盘左侧，轻轻解开袋口之绳，擦拭托盘，将锦囊放入洞库柜[①]中。
>
> 茶巾、茶筅、茶杓等置于天目茶碗内，双手从柜上取下台天目茶碗，将其置于身前。擦拭茶杓，置于托盘上，茶筅置于建水上方。”

这种法式就是前面所说的台子式点前。在这则记事前面还记录着台子图和尺寸。因为台子注有“昔日之台”，因此在利休时代已是古代风格的形态了。下面放着金属类的器具，天板上放着茶

① 茶室内放置茶具的一种壁橱，为方便老年茶人而设计，坐在榻榻米上就可以使用。

入和台天目茶碗。利休取下四方托盘和茶入后，其放置的位置就很值得注意了，即将其位置确定在自席边数起约在第三格处，与台子之间的距离为三寸五分左右（记录者特意注明：因是目测，故为大致位置）。在茶汤中以席边第几格来确定位置虽说很常见，但茶汤中要求以如此细微的鉴赏眼力来对待点前，可见道具的摆放位置何等之重要。利休常常把纸尺揣在怀里，当他在钻研道具的摆放位置时，即使是特别亲近的人也要令其退出茶室。这在《南方录》中是有记载的。这则利休的点茶记录反映了，点前的具体操作与道具的置放对于一个茶人来说是何等的重要。

虽然关于点前的记录还有后续，这里不妨把话题转向饮茶之法部分吧。

（将茶碗）置于天目台上，仔细察看有否歪斜，以右手取下茶入，然后递与左手，以三指取其盖，搁置于托盘之一角，再以同一手取茶杓，予春屋三杓茶后注入开水，予玉甫五杓茶（异本：吸茶）。本觉放下台子，因茶所剩不多，故将托盘放下。仅茶入置于橱柜之上，放于天目台上后一起移至洞库柜中，柄杓按原样放置。关上洞库柜之门，盖置放回原处，然后手持建水退下。

这些都是从利休茶会上，我们唯一能知道的关于茶的量、饮用方法的情况介绍。遗憾的是这些资料没有底本，所以有疑问的地方只能靠推测了。与“异本”记载所不同的“茶”部分，其括号内记有“吸茶”二字，我认为还是以异本记载为宜。因为当时给正客春屋宗园三杓茶后注入少量开水，所以应该为稍稍浓一点的茶；给第二位客人玉甫是五杓茶，但不知为何没有出现古溪以下客人的记录。所以，只能解释为给正客的是以“每服点”的形式，而给次客到末客均以吸茶（轮饮）方式款待之。五杓茶虽非今日之浓茶，却也不是三人不能进行轮饮的量，但量本身不多，轮到本觉和尚时需要把茶碗作大幅度倾斜。所以，只能将天目茶碗从天目台上拿起来饮用。在《草木人》中也记有此种天目的饮法，即喝到第三口时，只能把茶碗从台子上拿下来喝了。

另据《茶汤古事谈》记载，吸茶这种饮茶法起自利休，对此是这样描述的：

> “昔日，浓茶亦为一人一服点，然间太久，宾主俱感无聊，利休始吸茶。”

这里的一人一服的点前之法即称之为“每服点”。每服点太费时间，所以就采取了轮饮之法。在《川崎梅千代宛利休传书》中有这样的训诫，即“吸茶之时，采取不同于上座的饮法。”另外在《惟新致利休御寻之条书》中也曾这样说道：

> “客人五六位时，点二服茶，如此，三位客人即可行倾斜茶。”

意思是说，当有五六个客人时，点二回茶，每次三人饮用，这里显然指的是轮饮。但是，这里轮饮不以吸茶来表达，而是用了“倾斜茶”，其意相似。关于“倾斜茶”已在斗茶部分叙及。

有关轮饮，正如前面章节所讲的那样，是一种加强人们“寄合”纽带的共同饮食礼仪之一。酒席上的碰杯礼仪、很久之前基督教中圣餐式的面包和葡萄酒，均可归结为人类相同的一种形式——共同饮食的礼仪。而利休使这种非日常性的轮饮礼仪扎根于茶汤世界，因此，我们可以说利休把茶汤从一种带有游乐色彩的单纯的“寄合”，带入到了一个更加严格的、且更具结盟色彩的世界。

三、木炭、花卉、怀石

考察利休的茶会时，不可忽略其在木炭和花方面的点前和心得。在茶汤的点前中，木炭也好，花也好，它们都是后来才被确定下来的。比如，木炭原不是在客人面前摆弄的；而花呢，以前也绝非具有诸如茶室专用之花之类的特殊形态。利休的独到之处，就是他发现了木炭和花卉的内涵，并使其在茶汤中得到了进一步的升华。

关于木炭点前的最早文献，据筒井纮一氏的论文（《木炭点前的成立》，收录于《茶之汤事始》）认为是《古传书》，在书中这样讲道：

“……不久走出，一取出木炭，便将釜取下，此时客人离开座敷，稍事休息，其间茶席上除茶汤之外别无他物。”

在主人取出炭斗之际，客人便自觉地走出茶室，就是说客人在主人换木炭以前就起身走出去了。这说明在16世纪后半期绍鸥以来的茶会上还未曾出现过木炭点前，当时，添加木炭，或重新换木炭的活儿都是幕后之举。比《古传书》稍晚、成立于元龟年间（1570—1573）的《岛鼠集》中讲道：“客人看到木炭被重新换好以后，才起身走出”，从中可以看出木炭点前逐渐开始变为台前作业的这样一种倾向。

利休将木炭点前确定为在客人面前进行的一项重要的点前作业。天正十一年（1583）正月十九日的茶会记录，《荒木道薰茶会记》中记载了关于利休的木炭点前行为，其内容是：

“点完浓茶后，炭已烧尽，炭斗变为细长之‘葫芦’，火箸已成‘桑木’之柄。”

随后，利休给道薰看了肩冲之名品，并饰于床龛，另外还给道薰点了淡茶。这样，木炭点前就在浓淡茶点前之间进行，这同今天的“后炭”作业相似。但是，在利休的茶会中，有关木炭点前的记录仅此一回，从史料的可信度来看有些不尽人意。在《今井宗久茶汤拔书》中记有利休的茶会，时间是天正十五年(1546)六月十三日。

“长板上，铜釜风炉，测炭、无火，于半田土锅内取火，施于云龙釜。”

铜风炉中仅有炭，不见有火种。旋即从半田焙烙[①]中取来底火将炭引燃，以此作为初炭(第一次添炭)，炉上架起灌有好水的云龙釜。估计等了不少时间釜中的水才烧开，但书中对此无任何记录。但不管怎样，在迎接丰臣秀吉御驾时，利休在其面前施行了上述的木炭点前法是确定无疑的。由此可见，这样一种足以被称为“点前”的、可以凑近观赏的茶汤形式已经被确定了下来。

《川崎梅千代宛利休传书》或《茶道四祖传书》作为史料来说，虽说还未经严格考证，但这两本书中收录的《利休公传书》里引用了传给荒木道薰的传书[②]类史料，对利休的木炭点前作了详细介绍。作为一种传书，或许多少带入了一点后人的假托之辞，但是，至少可以这么说，到了近世纪初期，利休的木炭点前法形式已作为认识炭的一种基础，给人们留下了深刻的印象。之后，随着灰形的发展及木炭烧制技术的进步，木炭点前变得更为复杂且精炼。总而言之，木炭点前最初跟茶会主人洗涤茶具之类的操作类似，但到

① 一种装灰的器皿。
② 世代相传的书籍或传授秘本的书籍。

了天正年间(1573—1592)已变成在客人面前进行正式亮相的一种主人点前法而被推到了台前。

上一章中提到过,《南方录》作为利休茶会记的原始史料,其可信度尚难评价,但翻开一读,竟有不少饶有趣味的会记。比如九月十三日新茶开封时的一次欢迎将军的茶会,其会记的末尾部分记有:"茶过,御炭被游",就是说,木炭不仅已成为台前的作业,而且已发展到在御驾的将军面前堂而皇之地摆弄、琢磨,甚至有时已成了允许按照客人的意愿来进行的一种特殊的点前。在利休死后30年的庆长、元和年间(1596—1624)所写成的假名草子《犬枕》中记有"回炭・回花"的字眼,其已经发展到了"炭所望""花所望"(让客人做木炭点前,让客人做花点前)的游艺化的程度。就这样,木炭点前日益受到人们的关注,并随着主客交替进行的游艺因素被掺入其中,炭和灰的形态也变得越发讲究起来了。而利休作为木炭点前的先驱是毋庸置疑的。

与炭一样经常被人们挂于嘴边的花卉也在利休时代得到了长足的发展,而且茶会中的花,几乎成了从主人到客人都竞相追逐的一种情趣之物了。

关于小座敷中的花,《南方录》是这样描绘的:

> "小座敷之花,必然有一支或二支一色之花,只要轻轻插入即可。当然,虽宜根据花形轻柔插之,而其本意则在于追逐心中之美景。"

这节表明了枯寂的草庵中茶之花的地位。另外,花也作为"侘"的一种表现,在茶汤中占有重要的一席。这也是源于利休之茶的思想。在利休以前,花比起挂饰要更受重视,是一种重要的装饰。在村田宗珠的自传《人栈敷次第之事》史料中这样讲到:

“床龛有花卉图时，其花供赏玩，即先看花，后再看画。”

这表明了变化无常的花卉之美是观赏的要义。《茶道四祖传书》中利休曾这样讲到：“易嫌弃龙胆与菊花，为古花不知之义，尤嫌弃红叶之类”。

这是说利休不喜欢那些不知是旧花还是新花、变化不大的花卉。查阅利休的茶会记，确实未见有菊花和龙胆之类的花儿，看上去利休好像更喜欢梅花，但更值得注意的是，这些会记中很少记载关于花的内容。其中颇有趣味的是光有花入而无花的茶会。永禄十年(1567)十二月二十六日的茶会中有如下记载：

“堺千宗易　钵屋绍佐、正通、久政三人
饭后，床龛中有鹤嘴，涂板上无花，唯有水(下略)”
被称作“仙鹤之嘴”的紫铜花入里只注入了水，但未见有饰花。

这并不是仅仅这次茶会才有的情趣，花入中有水无花这一点恰恰是利休的特色。在永禄十二年(1569)十一月二十三日和元亀二年(1571)十月一日的茶会记中，也有其他数例见水不见花的饰法。关于该花入，在永禄十二年的津田宗及日记中有详尽的记录：

鹤嘴之花瓶，初次观赏。右为紫铜之物，其金属色泽尤为美丽，唯美丽而无丝毫艳媚之色，高一尺，稍短，底部为环形线纹，条纹有四圈，小指尖可从容伸入瓶口，此花瓶并非艳媚之物，而是风格异样之物，既美且华丽，口授为虚，眼见为实，见之留恋忘归。

显然，本次茶会的主题就是观赏鹤嘴花入，而花本身倒似乎显得无关紧要。利休在永禄十三年(1570)二月三日的茶会上,特意带去了这个装于布袋里的十分别致的花入,当众将其从袋中取出供客人们观赏,然后饰于床龛中。我想这种场合肯定不会有水。就是说有时会以赞美花器来代替赏花。如此看来,利休的茶之花正如同《南方录》中所言,是作为一种"佗"的表现。有时是将花随意地插入花器内,使其如同生长在山野,有时则干脆以省略花等各种形式,来表现茶会中所特有的一种意境。

著名的"牵牛花之茶",不正是反映了利休的这种省略花的创意吗?故事是这样的,当秀吉听说在利休茶室外的庭院里盛开着无数的牵牛花,便令利休准备好"欣赏牵牛花之茶会"。那一天,秀吉兴致勃勃地来到利休的宅第,却发觉牵牛花已被一支不留地拔掉了,不禁大为恼怒。可当秀吉入室一看,只见一朵漂亮的牵牛花被置于床龛之中,秀吉顿感舒心。这就是利休的情趣。作为利休茶之花的实例而留下的图片甚少,但其中就有一幅牵牛花之图。这朵花被饰于床龛的柱子上,只见它伸展着的枝蔓缠绕着落地窗,这是现代的茶之花中难以想像的一种"即兴饰花"之术。

利休之花,可以说是一种十分大胆、果断甚至会让人感到十分惊奇的"情趣"之花。也许那是出于秀吉的爱好,又或许完全是出于人们的传闻。当秀吉命令利休立即在如同面盆一般大的水盘中插饰一枝梅花时,利休倒拿着梅花放入水盘,轻轻一捋,花瓣即飘落在水里。这是反映利休机智的一个例子,这类被流传的佳话还有不少。总之,纵观利休的茶之花范例,无不让人感受到利休对于花的一种情趣追求和花的艺术感染力,诸如将睡莲花半沉于水中的"水际之花"、象征神灵依代①的枝条高高立起的"祝祷之花"等等。

① 祭神时供奉的神灵替代物。

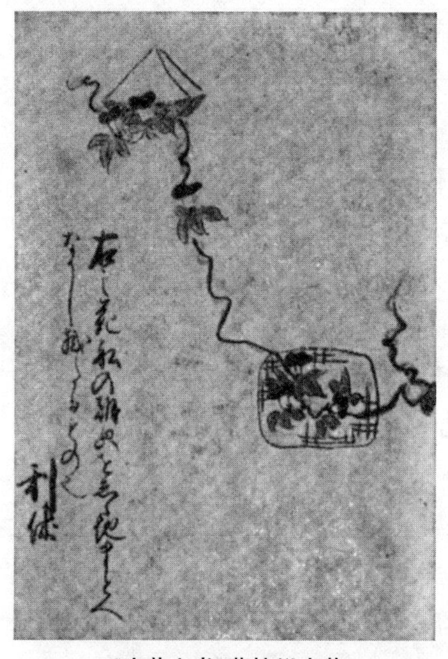

《生花之书》藤挂似水著

在茶会中，当花有一种意外的情趣时，就必然会在宾主之间产生围绕花而进行的一种互动，上述的牵牛花就是其中一例。还产生了一种“花所望”的形式，在迎来了特别高贵的客人时，要求宾主都要插花的现象，在利休死后变得更加流行了。比如德川秀忠将军每次亲临茶会都会亲自尝试插花，在利休的茶会中也能看到既紧张又有情趣的插花记录。

津田宗凡的茶会记，天正十八年(1590)九月二十三日条中记有丰臣秀吉在聚乐第的茶室中以茶款待了黑田如水等的内容。茶头是利休。饰于床龛的鴫肩冲被置于绍鸥的天目茶碗之中一并展示，当秀吉入室后，随即把手中的一朵野菊插于两者之间，人们不禁倒吸一口凉气，不知茶头利休将如何来处理这朵野菊。到初座完毕，中立之时，那野菊还是原封不动。到了后座，也就是到了非得处理茶入和茶碗的时候，大家顿时把目光都集中到了利休身上。茶会记继续这样写道：

利休的点前。持水桶而出，从铜壶上取下濑户水指、柄杓，并膝行至前拔去野菊，将其横放于床龛榻榻米之上，(中略)观赏肩冲，停止点前，随后将天目茶碗、水指等皆放至铜壶

> 上。利休走近肩冲，从床龛榻榻米上重新取下其花，将之置于床龛靠近胜手口[①]一角。

看来，利休十分果断，且毫无顾忌地处理了“野菊”的难题。当在场的人们看到利休将野菊移至床龛一角时大概都松了一口气。在利休看来，花本身虽然是一种季节性的赏玩之物，然而同时围绕着花而产生的主客之间的互动却是无法预测、孕育着紧张氛围的一种茶汤情趣。

那么从日本宴会料理的历史发展来看，利休侘茶的成立究竟具有什么样的意义呢？对此，正巧有一篇十分中肯的文章，那就是欧洲的传教士劳德利克斯所写的《日本教会史》中的一段。据他说：安土桃山时代的宴会料理中有四个种类，“第一，三个食台宴会（三之膳），为什么这样叫，因为有这些数量的正式食台，即三个盆分别摆在各位客人面前”；第二，五个食台宴会，即（五之膳）；第三，“是在所有膳食当中最为庄重，且最严肃的宴会，即各人面前摆放七个食台（七之膳）”。然而到了信长和秀吉时代，宴会的料理发生了重大的改革。即取消了自第一到第三宴会的所谓七、五、三本膳料理[②]的形式，取而代之的是全新的第四种专为饮茶而设的宴会料理，即“怀石料理”诞生了。对此，劳德利克斯叙述如下：

> 第四种宴会…… 始于信长或太阁时代，是目前流行于整个王国的最为时尚的一种宴会。因为从那以后，时过境迁，摈弃了那些多余的、烦琐的形式。在改革这些旧俗的同时，对宴

① 茶室中供主人进出的出入口，也叫“茶道口”。

② 本膳料理指传统正式日本宴席，现在已不多见，大约只出现在少数的正式场合，如婚丧喜庆、成年仪式及祭典宴会上。

会，甚至家常便饭均作了大规模改革。（中略）关于料理，取消了那些仅供装饰用的和式冷盘等，适时地把经过充分烹饪的热菜摆到食台上，如同他们的茶汤一样，对料理也开始从质量上下功夫了。

让我们从茶会史来观其所言吧。虽然茶汤料理在利休以前与一般的宴会料理并无多大不同，但到了室町时代，一种被称作本膳料理，菜肴数量多得基本吃不完的武家风格的宴会料理得以确立。如果是迎接将军的御驾，就会摆出7道菜，菜肴多达30多种以上。即使是平常的宴会也必定会摆出二之膳或三之膳，再加上二种以上的汤，实属奢侈的料理。利休以前的茶汤料理也基本上与本膳料理相同，至少为二之膳。例如弘治二年(1556)十二月十九日的慈尊院的茶会，虽为素肴，但内容却极其丰富。

盛得高高的煎海带　　汤

浅皿　　酱菜・盐

长漆盘　桶二（纳豆— 煮山椒—）　米饭

二之膳

牛蒡　拌核桃　蕨・麸　汤（煎豆腐 牛蒡・芋艿）

备膳　平茸　汤　点心（栗・柿 炒年糕 橘子・海带）

后段

豆馅　蒸饼　清汤　山药

鱼泥板栗　橘子　金桔

一之膳即为本膳（主菜），排列着一汤三菜，即煎海带、纳豆、煮山椒这三种菜和酱菜、小碟、煮茎汤等；二之膳中有煎豆腐和蔬菜汤、牛蒡和核桃的凉拌菜、蕨和麸的煮物、日常的平茸料理，另加有一种汤，变成二汤三菜。总共为三汤六菜的料理。接下去的后段内容，都是些鱼鸡之肴，所以是相当奢侈的料理。

利休的怀石之图　收录在《荒木道熏会记留书》中，下面是饭和汤，上面是二个菜，此外作为备菜有田乐，这就是一汤三菜的"怀石"

让我们来看看为教育那个年代一些不按规矩食用茶会料理的年轻人而著的《长歌茶汤物语》一书，其中说到一些进入茶室的客人随手抓到什么就吃什么，鱼、鸡等一通乱吃。更有甚者，他们用筷子乱搅整整齐齐排列在碟子里的菜，为啃骨头吃得腮帮子鼓鼓的，还倒拿筷子乱舞一通，无端暴饮。当然不是所有客人都这样，但茶汤料理及其礼节与一般的料理、宴会并无多大差别。

对此，武野绍鸥和利休竭力想把侘茶的思想渗透到茶会料理之中。《南方录》中对于他们的主张有如下简单的描述：

> "小座敷料理之菜式为一汤二菜或三菜，酒亦为低度酒，但仍与侘座敷不相符。当然，酒之浓淡调配与茶汤理念相同。"

所谓料理菜式，就是使料理看上去像正规的料理，即使其具备一般宴会料理风格，因为它不符合佗茶风格而被否定了。而膳食内容说是最多为一汤二菜或者是一汤三菜。绍鸥早有教诲曰：“宴席上即使是贵客，也不得超过一汤三菜”（《绍鸥门人法度》），不过将其落到实处的却是利休。

据筒井纮一氏的整理（“宴席料理”《京都料理的历史》所收录），在永禄年间（1558—1570）多见二汤五菜以上的茶会，但利休在永禄年间，已经比较多地开始使用一汤的料理。在料理内容记录得比较清楚的 18 次茶会中记有一汤二菜的有 5 次，一汤三菜的有 6 次，一汤四菜的有 1 次，二汤三菜的有 5 次，二汤四菜的有 1 次。即使是利休，要完全否定二汤的形式也是相当困难的。翻开《利休百会记》的菜单，以二之膳款待的仅有为了迎接秀吉将军的二次。其他虽还有三次提供的是二汤，但控制在一汤三菜以下的茶会却有 90 次以上。对此，可以说小座敷的料理几乎完全实现了《南方录》中提到的一汤二菜或一汤三菜的主张。

利休的怀石并不是单纯以减少料理数量，使其简单化为目的。正如劳德利克斯所讲的那样，新的怀石强调的是热菜，经过充分烹饪以后按顺序摆出，这是一种很接近人世间料理本质的模式，而且还具有以“佗”为茶汤理念的特征。在《茶话指月集》中有这样一段插话，利休本来很感激佗茶人在严寒之中以柚子相迎，但进餐到后半时，一上来奢侈的食物鱼糕，利休顿感心情不快，便起身告辞了。这则故事说明，利休主张茶料理就是茶精神的一种表现。而给作为佗茶表现的茶料理赋予“怀石”之美名的却是在利休去世百年后的元禄时期（1688—1704）出现的《南方录》一书中。

末章

利休切腹

利休切腹，被认为是个谜。其表面原因是大德寺的山门事件，好像没什么神秘的。然而，至今仍有很多人认为利休之死背后有鲜为人知的原因，并提出了各种各样的猜测。

所谓大德寺山门事件是因天正十七年(1589)十二月五日落成的大德寺金毛阁上雕有利休木像而引发的。天正十七年对于利休来讲是值得纪念的一年。利休应该不可能预知自己死期将近，但就在这年正月，他准备好了自己的墓地。这在存于聚光院的利休捐献信中有记载，其捐献了大米作为永久供养费，还建造了自己和妻室宗恩的墓地，因为是生前修缮的，所以墓碑上的名字是朱红色。这样就不用担心身后之事了。

第二个值得纪念的是，天正十七年正值其父一忠了专逝世50周年，其法事预定于其忌日的十二月八日在大德寺举行。利休是十九岁时丧父的，或许其父得病还要再早一些。因为在利休十四岁时的记录本中作为千家全权代表的已不是其父亲的名字，而是千与四郎，所以有可能那时掌管千家的就是利休了。

年幼丧父的利休缅怀父亲的心情甚为强烈。在他壮年时期，因千家经济实力还不怎么充裕，也没能很好地给祖父举办丧事。对此，利休曾留下过悲叹的墨迹。但到了天正十七年，利休的实力已达到顶峰，作为秀吉的亲信，他的势力远远超出大小诸侯，其想要为死去的父亲再举行一次隆重的法事也是十分自然的。

或许是出于古溪宗陈等人的建议，利休以为父亲办法事为契机，决定对大德寺山门的修复工程提供捐款。大德寺山门在室町时代就已毁坏，后来由皈依一休宗纯的连歌师宗长用卖掉秘藏的

《源氏物语》所得款项重新修复。但宗长毕竟是位势力单薄的连歌师，山门虽说是建了，但只不过是单层的而已，不是多层楼门。利休想把这山门修建为楼门，这样，这山门就可无愧于名刹大德寺了。如果利休仅仅是堺的一介町众，修建谈何容易。然而时过境迁，利休如今已成了秀吉的亲信，私财加权势，才得以很快地落实了这桩修复事宜。

现存一封天正十七年(1589)四月十八日的利休书信，收信人是五奉行之一的浅野长吉，内容是关于筹备修复山门的木材，长吉好像帮忙了，这是利休写给他的感谢信。这里我们也能窥见到利休的权势。同样的内容也曾写给过松井佐渡。另外还有一封，大家一般称之为“山门之文”，是写给侍奉秀吉的大名有马中务的，其中记有“希望派遣暂住于此的一些人力夫去帮助修复山门”。这里的“人力夫”是利休雇佣的，还是有马中务手下的，仅从信的字里行间无法判断，但从文章的语气来看，似乎显得很强硬，足以让人理解为拥有权势的利休命令大名调拨人力夫。发信的时间是同年十一月二十二日。是否因为山门落成时间已近，利休惟恐完不成工程而采取了一种带点强制意味的施工督促呢？利休无论如何要让这山门工程赶在十二月五日以前完成。原因是前面所说的十二月八日是利休父亲一忠了专逝世 50 周年忌日，在那之前必须要事先办好山门落成的法事。大概这种强硬的征用得以奏效，山门(金毛阁)于十二月五日顺利地完工了。当天，由春屋宗园主持举办了落成庆贺法事。同月八日，由古溪宗陈担任首座法师，一忠了专 50 周年忌的法事在漆成鲜艳的朱红色的金毛阁下隆重地举行了。

此时的利休完成了自己的夙愿，应该十分快慰吧。然而世事难料，万万没想到，一年之后，恰恰由于这个山门的缘故，利休竟落到被勒令切腹的境地。

天正十八年(1590)由于小田原之战而匆匆忙忙地结束了。利休从小田原归来之后到第二年间,共计连续举行了90多次茶会。题为《利休百会记》的茶会记,记录的就是这些茶会。当天正十八年结束,过完年,天正十九年正月,利休最为信赖的武将丰臣秀长病故。秀长是丰臣秀吉的同母异父兄弟,这样利休失去了庇护人,其政治处境急转直下。

利休切腹的表面原因确为山门事件。因在大德寺的山门之上放有利休的木像,而且脚着竹皮屐,甚至还拄着拐杖。因为是用于通行的山门,常有敕使通过,就连丰臣秀吉也要通过该门进入大德寺。难道他们的头都要遭到利休像的践踏吗?实属不敬之举,就凭这一点便可定利休之罪了。或许利休也惊叹于形势的急剧变化,再加上石田三成一派也在其背后加以攻击,利休深知自己已陷入难以逃脱的境地。所以,一旦命其切腹,他并未申辩,从容赴死。

那么,为什么一年以前的山门事件却等到这个时候才出问题呢(不过木像制作完成可能要比山门落成晚很多)?对此,人们都感到困惑不解。在利休刚刚切腹的时候还有人指责他“卖僧绝顶”。这里的“卖僧”说的是僧人打着佛教的幌子从事不正当的商业活动。具体来讲就是利休已经拥有了宗易的法号,又有利休这么一个居士称号,但干的却是把那些伤痕累累的旧茶碗当作名物高价出售的勾当。从这些无端的

大德寺山门

指责中可以看出那些不懂行的人们对利休茶汤是持批评意见的。

但我认为这还不至于构成其理由。因为,利休并没有为了出售这些道具而拼命夸赞之,也没有拿出什么新的道具来卖,而是周围的人以道具为借口趁势攻击利休,倘若具有茶人鉴赏茶器的慧眼,谁都会做同样的事情,所以单单指责利休似乎有点不公平。

传闻中,构成利休切腹自杀最有力的理由是利休女儿的因素。秀吉很喜欢利休的女儿,想娶其为妾,却遭到利休的拒绝。这则传闻在江户时代初期就已有了。承应年间(1652—1655),利休辞世60年以后,德川幕府为了整理家康的传记,对资料进行了调查。还向出仕于纪州德川家的千宗左(江岑)询问了有关利休的情况,比如说关于千家的由来等等。此外还问到了利休切腹是由于女儿而引起一说是否符合事实真相,对此,江岑宗左表示从没听说过,而且问过父亲宗旦,回答是家里从未有过这样的说法,总之,是一个全面否定的结论。

别说江岑宗左,就连其父宗旦也说未曾听到过,看来只能相信了。至少表明了千家不想与那些谣传有关联的态度。然而,令人感到不可思议的是在记述着幕府官吏与江岑宗左问答内容的《千利休由绪书》的史料中有附录部分,其中涉及了利休女儿的问题。附录上这样写道:“秀赖公御小姓组古田九郎八面谈、十市缝殿助物语”,意思是说古田织部的儿子是秀赖的侍童,他对十市缝殿助说了……也就是说这是对丰臣秀吉家中情况了如指掌的人物亲口所言。

这则故事发生在天正十七年二月。秀吉到东山一带打猎时,在黑谷徒步,忽然从田间走出一位像是赏完花回家的、年龄约30岁左右的妇女,她与三个孩子和佣人正缓缓地行走着,后面还跟着轿子。这些都被秀吉的探子木下半助看在眼里,据说此人与利休关系不好,这里暂且不提。当时,探子看到她们,即刻藏到柳树后面。秀吉经过时便看到了这个容颜十分秀丽的妇女。喜好女色的秀吉即令侍童查询是何家良女，得知原来是万代屋宗安的遗孀。就是利休的女儿嫁与万代屋后成为了寡妇。秀吉回到聚乐第马上致函与那妇女，令其前来伺候，然而她却以家中幼小孩子多为理由而拒绝了秀吉的命令。利休也接到同样的旨意，但利休亦以"不想让人说成是托了女儿的福而得到秀吉的恩赐"为由而婉言拒绝了秀吉的要求。秀吉闻之大怒，只因传出去不光彩，才一直忍着，心想一有机会便向利休施以报复。那山门事件正好迎合了他的报复心理。这便是上述的面谈内容。

也有人把秀吉说成是"横恋慕"者（即喜欢追求有夫之妇），除了这则故事以外也没有其他佐证。最近，小松茂美氏提出了秀吉十分贪恋茶壶"桥立"，所以才致使利休切腹之说（《利休之死》）。总之，我个人认为利休切腹的背后原因并不仅仅是山门事件，而是由其他诸多因素重叠交错所致。其中，两者最为明显的对立是来自茶汤方面。说利休"卖僧绝顶"的，与其说是世人，莫如说就是秀吉吧。尽管秀吉不断地搜集名物，但还是比不上利休鉴定器具的权威。因此，仅此一点，也可看出秀吉对于利休有种最大的挫败感。

天正十九年(1591)二月十三日，利休被命令蛰居于堺，其即刻坐船下淀川河，驶向堺。据逸闻所说，当时古田织部和细川三齐两人赶到码头送行了。此外，一封给松井佐渡守的利休亲笔书信中也有此记录，颇为出名。不过逸闻中还讲道，细川三齐考虑了从大阪到堺的交通工具，并提出了自己的安排方案。对此，与利休同行的妻子宗恩谢道："利休一生弟子众多，均不起作用，惟独您二位精心照顾，还特意为我们安排了交通工具，实在过意不去。"利休闻之却当场谢绝，并说："多余的担心，不用、不用。"

回到堺的利休做好了死的思想准备，于二月二十五日写下了辞世遗偈：

人生七十
力囫希咄
吾这宝剑
祖佛共杀
提吾所得具足大刀
今日此时向天而抛
天正十九仲春廿五日利休宗易居士（花押）

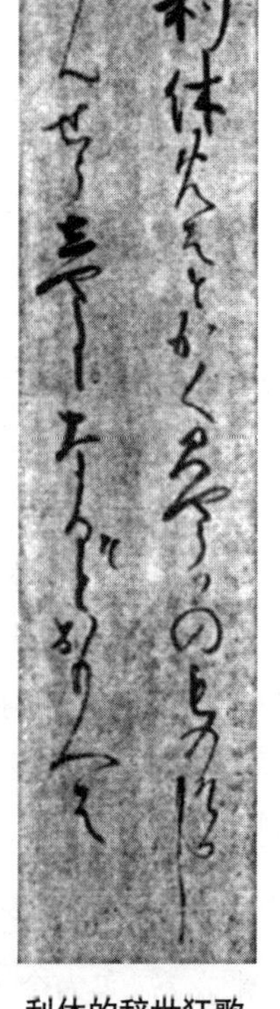
利休的辞世狂歌

据笔者想象，很可能在二十五日同一天，利休还作了一首狂歌：

利休我一死，无须叹息，
变成菅丞相，或许成神。

意思是说，或许大家对于我的死会感到惋惜，可这难道不是一种幸运的表现吗？因为我与同样因谗言而被置于死地的菅原道真[①]的命运一样，可能不久也会像他一样成为“神”。在《千利休由绪书》等书中说，这首狂歌是利休写下遗言的几天前作的，但笔者怀疑利休把自己比作菅原道真会不会是因为他作狂歌之日正是菅

① 平安时代初期的公卿、学者。于延喜元年（901），由于谗言中伤了藤原时平等人，被作降职、流放处理。

原道真的忌日，即二月二十五日呢？然而，即使是一首狂歌，其中却也包含了利休的一种不屈不挠的精神。

二月二十五(六)日，利休被重新召回京都，二十八日在京都的聚乐第宅邸中切腹而亡。这一天，京都的天气十分恶劣，电闪雷鸣，还下了冰雹。在《北野社家记录》中是这样记载的：

> 廿八日，天降大雨，电闪雷鸣，有冰雹，大冰雹也，冰雹之大如此之大也，(中略)廿九日，有名宗易者，为天下第一茶汤者，然同时又施种种"卖僧"之行，故受其惩罚也。当大德寺山门修筑之时，欲图后世留名，竟立己之木像，脚蹬雪履，手拄拐杖。此举被关白知晓，更判其大罪，枭其首，与木像一并挂于聚乐大桥上。大德寺长老中亦有两三人本应受罚，幸得大政所(秀吉之母)、大纳言(秀长)之孀妻等贵人向关白求情，方搭救了这些长老……

冰雹如此之大，以黑原点图形来描绘之，测其直径足有 1.3 厘米左右，实为令人感到大为吃惊的罕见冰雹。接下去写天下第一茶汤者宗易进行了很多与僧人身份不符的不法买卖而受到惩罚，指出了山门事件，另外还详尽地描述了利休的木像被悬挂于聚乐大桥(一条戾桥)之上，以及大德寺的众长老本来也要受磔刑，大政所等人均向秀吉求情，才得以幸免等等当时的情景。

在《茶道四祖传书》中记载了利休切腹时的情形。据说利休为了痛痛快快地切腹而拒绝使用"介错人"①，可想而知其切腹场面

① 在日本广泛流传的自杀方法"切腹"中，被找来作为切腹者助手，在最痛苦一刻替其斩首的人。

何等悲壮。

利休之死意味着文化上的下克上的终结，在贯穿于整个日本战国时代的大约150年间，“下克上”精神不断地摧毁着那些象征着权力和权威的价值观。信长和秀吉都是下克上的产物，利休的茶汤也是下克上产生的。他一直否定以东山御物为主的名物体系。这一点从他的直系弟子山上宗二留下的《山上宗二记》中对于名物经常标有“当世如何”的问号也可窥得。

然而，当时的整个时局正朝着下克上的终结以及新的近代秩序的建立迈进。丰臣秀吉为此费尽心机。他刚刚借下克上之势成为天下统治者，就开始竭力遏制来自其他方面的下克上，挫败各种斗争。为此，他开始实行“兵农分离”施行“太阁检地”等种种政策，但却很少出台文化方面的政策。

利休之茶之所以吸引了秀吉，最大的魅力就在于其不拘泥于茶汤的既成秩序及价值观念。但是，到了天正十八年，即当秀吉达到了统治全国目的的时候，他似乎也已觉察到这种魅力本身孕育着一种新的“下克上”的萌芽，而利休当时全然不顾别人的看法，追求着茶汤的独创性及其精神内涵。而这常常违背世间的常识，正如《山上宗二记》中所指出的那样：“以山为谷，以西为东，打破茶汤之法，追求自由”。这从遏制下克上的角度来看，颠覆由来的价值观念、破坏法道，是最危险的思想。秀吉是为了扼杀下克上的文化才把利休逼至死路的。这是一种十分明了的文化政策。

最后讲一下利休的坟墓。

利休的墓地有三处，第一座位于大德寺聚光院境内，是一座位于千家墓群中央的石塔；第二座是在利休的出生之地——堺城南宗寺院内；第三座知道的人不多，它静静地座落在大德寺方丈后面的开山祖师大灯国师塔旁边。接下去简要地说明一下这三座墓。

众所周知，聚光院是由三好长庆（1523—1564）捐资建造，并由笑岭宗䜣（1505—1583）所创建的塔头①，因有不少堺城町众皈依了笑岭，所以与茶汤的缘分很深。特别是利休曾对寺院捐献过永久供养费，将此处定为自己的墓地，这在前面利休的捐献信中讲到了。于是，利休在天正十七年（1589）正月，为供养其一族，保证每年向聚光院提供七石米，而且把自己的墓地设置于此。墓是借用了石头灯笼，并在其侧面以朱红色字样刻上了还健在的自己和妻子的名字。

利休之墓（聚光院）

问题是目前聚光院内每年接受不少茶人参拜的这个塔基，果真是利休在捐献信中所记述的那座墓吗？有一种说法是这个石塔是由其孙宗旦修建的，这在许多茶书中都有涉及。例如，在重森三玲氏引用的《龙宝山大德禅寺世谱》中是这么记载的：

今日聚光院内之利休塔原为船冈山的墓碑前之灯笼，宗旦将其从船冈山上购入后建于聚光院内，是时宗旦逝世。船冈山墓碑顶部之九轮②乃策监寺石塔也，聚光院墓之基石系位于高桐院客殿西侧之袈裟行石，中台与笠位于芳春院之后

① 指本寺所属且为本寺境内之寺院。

② 日本佛塔建筑用语。佛寺建筑中，塔之“平头”上有重重之轮盘形建筑，通常称为相轮；在日本，于三重五重之塔中，相轮之轮数若固定为九重者，则特称为九轮。

侧。为利休故，少庵捐四十石茶壶予聚光院，少庵乃利休之养子。元禄四年辛未闰八月初二日千宗室物语。

元禄四年(1691)的千宗室就是仙叟宗室，作为宗旦最小的儿子，他是宗旦最亲近的人物，所以一定程度上可以相信其证言。但是否就真是仙叟亲口所讲，实难掌握。这里值得注意的是宗旦从船冈山取来石塔建为墓地，其又是在建墓地那年亡故的。宗旦去世是在万治元年(1658)，因此，现在的聚光院之墓是不能追溯到万治元年之前的。这则记录中未见利休捐献的内容，况且这墓石的形状又是灯笼式的，与接下来记叙的九轮是什么关系搞不清楚，因此似乎不能全都信以为真。

在几乎同时代的《京羽二重织留》(元禄二年刊)书中记载说，原来二条院[1]皇陵的石塔，正是被利休本人移至聚光院的。

千利休之墓　位于大德寺内聚光院，茶人抛筌斋利休原为泉国堺城人，姓田中，其祖父侍奉室町家，为同朋众，称千阿弥，其后裔均冠以千字。其死后称宗易，二条院之陵位于船冈山麓，陵上有五层石塔，千利休将九轮取下作为己墓之塔，现在此院中，多余石料用作洗手钵。

此记述中虽有不少舛误，但应该注意聚光院之塔就是由利休建造的这一提法。据川胜政太郎氏说，此座利休墓有很大把握可以认为是镰仓时期的石塔，而不应看作是平安时期的二条院之陵(“南宗寺和聚光院的利休塔”,《茶道全集》所收录)。但是，不管怎

① 后一条天皇之女章子内亲王称号。

么说，其利用了古塔这事确属事实。尤为罕见的是其中记载了从该塔塔身到顶部屋顶、相轮甚至到塔基部分都是以一整块石头雕塑而成，这倒是独一无二的现象。且不论该塔是否为二条院陵墓之塔，由利休直接引进古塔的可能性是极大的。

对此，曾经对聚光院的利休之墓进行过认真调查的即中斋千宗左氏说过如下一段话，对于该石塔的由来具有一定的参考价值。在昭和十六年(1941)出版的《千利休全集》的序言中，他这样讲到：

> 打扫墓地时，聚光院的和尚走出来说：这两三年来每次望去，总觉得利休的墓上似乎刻着字……于是我便重新用心凝视，当然还是什么也看不出来，到底有没有刻字也毫无头绪。但如果抱着有字的想法去看的话，又总感觉似乎确实看到有字在上面。于是，我就试着在墓的中央之孔的右侧，用纸拓印下来一看，明显能看出一两个字样，一个是“易”字，故可以推测有“宗易”二字，而且最上段的明显是个“利”字，这样就基本上可以知道上面刻着“利休宗易居士”。乘势又手拓了孔的左侧，这下比右侧更加难懂，集中精力苦思冥想方恍然大悟，是个“恩”字，是“宗恩”！原来上面刻的是“得英宗恩禅定尼”，这分明就是利休居士的妻子宗恩的名号了。

于是，千宗左氏就判断这座石塔可以看作利休捐献信函中所写到的石灯笼。果真如此的话，那么传说宗旦重新修建的石灯笼或许可解释为是宗旦把利休切腹后遭废弃的墓石拿来重新修建了墓地。虽然仍有疑问，但应该基本可以确定目前位于聚光院内的利休墓地的石塔，就是利休亲自将古塔移来、新定为家族之墓的石塔，也就是捐献信中所提到的石灯笼。

利休的第二座墓位于堺的南宗寺，高不到 1 米，为五轮塔。基石上面的地轮正面刻有如下字样：

天正十九年辛卯年
利休宗易居士
二月二十八日
基石上记有修建者之名
元禄十三年七月十五日
高木十三郎　布施

显然这墓建于元禄十三年(1700)，即利休死后的 110 年后。

利休的第三座墓位于大德寺方丈后面一角的开山祖师塔一旁，正面望去好像是隐藏在建于基坛上的祖师塔后面，在祖师塔基坛后侧，真珠庵与其毗邻，两者之间不大的空隙内建有一座二基(塔身下有两个基座)宝箧印塔。据重森三玲氏说，二塔大小对称，右边利休的墓高三尺，塔身高五寸，宽为五寸四方之角，笠宽为一尺四寸；另外一座高三尺一寸，其他基本相同(“关于大德寺方丈后的利休居士之墓”《茶道全集》所收录)。右侧刻有

天正十九辛卯年
利休宗易居士
二月二十八日

此文与南宗寺的相同，但是，在几乎同类型的另一座宝箧印塔上刻有：

庆长五庚子年

无隐宗御居士

十二月十二日

两者究竟有何关联，不得而知。在重森氏引用的《龙宝山大德寺世谱》中有这样的记载：

“开山国师印塔后有小石塔二：一为利休，一为被称作堺之鰯屋者，何人何事皆不详，鰯屋即无隐宗御，如何如何。”

说是无隐宗御即鰯屋。然而，此人是否是利休的亲戚，或是崇拜利休的一个堺的市井之人，至今无法搞清。可能这两座墓地就是在宗御辞世的庆长五年(1600)或是非常接近的年代修建的。在泽庵宗彭的《金汤抄》中有如下记述：

千宗易，号利休，初名与四郎，堺人，(中略)天正十九年二月廿八日因事书辞世偈自尽，葬于开山祖师塔一侧，其子道庵、少庵、孙子宗旦先后继承了其茶事。

此处的开山祖师塔一侧即可确认为利休之墓的现在位置。泽庵由董甫绍仲陪伴来到大德寺时，适值利休切腹的第二年，即元禄元年(1592)，当时仅21岁，当然十分清楚有关利休坟墓的情况。根据《金汤抄》的文章来看，利休虽是切腹自尽，其墓却很快出现在了开山塔一侧……但不能轻率地加以推测。若要展开想像，大德寺如果想要厚葬这位属于悲剧性自尽的大施主，那定要将其安葬于开山塔的后面，因为这里才是唯一能够避开秀吉耳目的安全地带。从这一特殊场所的选择，可见大德寺方面的煞费苦心。无论如何，泽庵的《金汤抄》告诉我们，这座方丈后的利休之墓也和聚光院的利休墓一样是有来历的。

最后再提一下有关利休的年龄问题。利休享年是70岁，他在遗言里也讲了“人生七十”。因此，对于利休70岁时与世长辞几乎无多大疑义。然而，在近来才公开的不審庵所藏的《山上宗二记》中却记载利休当时是68岁。《山上宗二记》的执笔时间是天正十六年，这样的话天正十九年利休该是71岁了。由于史料的原因，眼下无法判定利休是70岁还是71岁，这也是今后值得研究的一个课题。